為什麼磁磚不做正**5**邊形、
A系列影印紙長寬比要$\sqrt{2}$、
向日葵和海螺有什麼共同祕密……

全面影響人類生活的數學符號與定理，
以及背後的故事

Numericon
by Marianne Freiberger & Rachel Thomas

瑪莉安‧弗萊伯格、瑞秋‧湯瑪斯 ── 著　　畢馨云 ── 譯

瑪莉安‧弗萊伯格（Marianne Freiberger）和瑞秋‧湯馬斯（Rachel Thomas）是數學線上雜誌《Plus》（www.plus.maths.org）的主編，這個免費的網路雜誌為一般大眾開啟進入數學世界的大門。

瑪莉安在倫敦大學瑪麗皇后學院（Queen Mary University of London）攻讀純數學博士學位，接著做了三年博士後研究，隨後於2005年加入《Plus》雜誌。她也是數學職涯網站MathsCareers的主編。

瑞秋在取得西澳大學（University of Western Australia）純數學碩士學位後，曾擔任商業、政府及工業界數學諮詢師。她也一直擔任《澳洲數學學會會刊》（*Gazette of the Australian Maths Society*）的編輯，並和馬可斯‧杜索托伊（Marcus du Sautoy）一起為倫敦「城市中的數學」（Maths in the City）計畫設計數學學習步道。

瑞秋和瑪莉安合編過頗受歡迎的數學書《50個數學願景》（*50 Visions of Mathematics*, OUP 2014）。

專業推薦

兩位作者使用特殊數字為線索，串連起諸多領域的數學故事。不僅有核心理論的扼要描述，更能與最新的應用聯繫。作者寫作手法高明，穿梭轉折來去自如。譯筆生動流暢，更增添了閱讀的樂趣。

——李國偉（中研院數學所兼任研究員）

作者具備雄厚的數學素養，精心安排一趟24個數學景點的文化旅行，並且輕鬆自然的敘述關於景點的軼事、典故，讓旅人沉浸在一個接一個的故事中，理解數學知識的發展以及如何被廣泛應用在科學、技術和工程上。

——李信昌（昌爸）（數學網站「昌爸工作坊」站長）

我長期以幾何與數學當作創作題材，希望數學能更具體的呈現，而不只是符號或方程式。在創作的過程中了解了數學的美與實用性，數學絕不是只用來應付考試的工具。這本書讓數學更接近人群，生活處處有數學，值得推薦！

——吳寬瀛（幾何造型藝術家）

本書兩位作者運用親切流暢的文筆、收放自如的進路，優遊於抽象與現實世界之間，向我們傳遞數學是有趣及有用的訊息。

——洪萬生（臺灣師範大學數學系退休教授）

這本精彩的書以幾個特別的數字為種子，帶領讀者穿越時空，領略從文明初始一路到現代的數學發展。作者旁徵博引，收放自如，全書碰觸到數學的大部分領域，並旁及許多科學領域。譯筆通順流暢，沒有太多數學背景的讀者也可以享受。讀者從本書可以一窺整體的數學概貌，從中體會數學的無窮威力及無盡樂趣。

——游森棚（臺灣師範大學數學系教授）

目錄

前言

　　人有探險的欲望。總是忍不住想要知道，彎過那個轉角、翻過下一座山頭、越過地平線之後有什麼。對於初次旅行到某地的人，不管是大探險家或是任何一個人，都是如此。本著探險的精神，我們想帶你去一個令人興奮的國度，某些人很熟悉這個國度，但大多數人覺得很陌生。藉由其中我們最愛的幾個地方，讓你看看很刺激的景觀、美麗的風景及珍貴的寶藏，並跟你講講英勇人物、費解謎團和高明獲勝的故事。請跟著我們優游數學的世界。

　　這個世界看起來可能難以了解，但令人生畏的符號和方程式只是另外一種語言：是許多漂亮概念的代碼，在平日生活裡經常有意想不到的用途。我們會幫忙翻譯，除了帶你去幾個最著名的數學地標，還有幾個口袋私藏的僻靜海灣和異國風情沙灘。我們的嚮導，是你每天都會遇到的友善數學代表：數字。每個數字都是旅途中繼站，可以飽覽美景，沿著有趣的小徑自行探訪當地風土。

　　喜歡一個地方的理由很多，像是景色、天氣、人、美食、文化等，而數學吸引人的原因也有很多。對許多人來說，數學本質上是美的；事實上，許多數學家非得做出漂亮、簡單、優雅的結果才覺得滿足。有些人則是受數學「不近人情的效能」所吸引，也就是數學闡釋世界的威力；有的時候，這種威力要到某個數學成果發現很久以後才會展現，而且數學經常躲在背後看不見。數學是所有科學的通用語言，將人帶到知識的邊陲，從宇宙到人類心智的運作，數學能讓你的想像無所不及。

　　身為《Plus》雜誌的編輯，我們有幸廣泛探索數學，與幾位創建數學的精采（甚至古怪）人物碰面。除了參觀我們最喜歡的數學景點，還想藉由一些故事，談談創造出這些數學景點的人物及文化。這些有趣、奇特、悲慘、有聲有色的故事，本身就很值得一提，而且就如同得知建築師是誰、為何建造之後，會更欣賞一件偉大建築作品，這個故事也能讓你更深刻了解即將見到的崇高數學結構。

　　透過這本書，我們也做了自己最愛做的事：炫耀數學之美，講述那些穿梭其間的故事。接下來要去的地點當中，有許多你可能已經聽說過，但有些也許是你不知道的，我們在途中甚至可能給你一些驚喜。希望你喜歡這個行程。

0　如何無中生有？

　　常有人說從零開始，從無到有，但事實上，世界不曾空無一物。也許是豆子、獵到的動物、戰場上奪得的戰利品，幾千年來，人類以數學描述物品，不管是數算、測量還是分配。至於要用數學來描述空無一物，也就是零，仍有很長的路要走。

點算物品

　　早期人類靠手指計數的方式，極有可能像我們剛開始學數數那樣。（不管是用五根手指或是在獸皮襞內帶一套可用來計數的棒狀物，都挺方便的）一般認為，人類運用數字的早期證據，是刻在一塊兩萬年前骨頭上的畫記，這塊骨頭在非洲薩伊出土，叫做伊尚戈骨（Ishango Bone）。畫記系統是累計數量的合理方法，不管是用來記分，還是牢裡的囚犯畫在牆上數日子。今天我們處理大量畫記

的方式，仍然與遠古人類的習慣脫不了關係，也就是以五個為一組，如同一隻手有五根指頭。前四個記號單獨畫出，第五個則是畫一條線與前四個交叉，代表完整的一組。這個方法其實挺有道裡，畢竟一隻手能夠數的數量，就是最容易使用的計算單位。

至於這些數字該怎麼稱呼（不管有沒有特定的稱法）則是另一回事。如今依然有少數的文化，包括生活在巴西亞馬遜叢林裡的皮拉哈族（**Pirahã**）和蒙杜魯庫族（**Mundurukú**），會用特定的字詞指稱小的數字或數量，但超過某個數量後就一律稱為「很多」。

然而幾個世紀以來，幾乎所有的文明都發展出代表數字的字詞或符號，也有一套方法可把這些字詞或符號組合起來，寫成需要用到的任何一個數目。從五千多年前（西元前3000年）埃及陵墓中發現的銘文，可以看出古埃及人使用許多美麗的象形文字代表數字，譬如繩圈、荷花和青蛙，分別代表100、1,000、100,000。為了寫出想記錄的數目，他們會重複刻出這些符號，有的數目甚至需要用一大堆符號來表示。

用古埃及數碼書寫4622

古希臘人也用類似的方法書寫數目，但他們是利用字母表中的字母來代表數字，例如：α代表1，β代表2，γ代表3，κ

代表20，τ代表300。古羅馬人則用I代表1，V代表5，X代表10，L代表50，C代表100，D代表500，M代表1,000，並以這些符號的各種組合寫出數目。用羅馬數字書寫數目通常是採用加法規則，譬如XII就代表12；不過也有減法規則，比方說IV代表4（5−1＝4）。今天西方國家的國王皇后稱號（喬治六世就是King George VI）以及電影和電視節目在片尾顯示的製作年分，仍舊採用羅馬數字系統。

　　但不管用哪種語言書寫，數字就只是個名稱或符號，代表計算出來的物品數量，數字3無論是用畫記或是以古埃及、羅馬或希臘數碼來寫，都代表同一件事。以1表示有一件物品，2表示有兩件物品，3表示有三件物品，是人憑直覺產生的第一個數學抽象概念之一。而計算出來的物品數量，與物品本身是什麼無關，不管是小貓還是高麗菜都無所謂。

全部加起來

　　前面提到的這些數字書寫系統中，都沒有符號可以表示「沒有東西」，因為完全派不上用場。這些系統全是*加法*（additive），只要把寫出的各個數字符號（或符號單位）的值相加，就能得到數值。在這樣的系統中，可能會有某種排序規則，譬如最大值在最左邊，且通常不會有什麼模稜兩可之處，因為解讀數字的方法多半就是把各組符號相加起來。比方說，羅馬數字MCMLXXIV可以解讀成四個單位：M＋CM＋LXX＋IV，即1000＋900＋70＋4＝1974。這很好理解，不過假如遇到很大的數

值，或想要做複雜的運算，就會變得很麻煩。

以兩個羅馬數字MCMLXXIV和XXXIX為例。如果把兩數相加，答案是MMXIII，但比起現代把1974和39兩個數字相加（等於2013），用羅馬的數字系統做加法困難多了；這正是畫記系統難以為繼的原因。若想要處理大的數字，簡化數學計算過程，就需要更高明的記數方法，而創建這種方便系統的關鍵正是零。

巴比倫數碼

位置有值

　　巴比倫人泛指古代生活在美索不達米亞（底格里斯、幼發拉底兩河之間的地區）的民族。早在西元前3000年就定居在美索不達米亞的蘇美人，用書寫工具的楔狀末端把數字刻寫在黏土板上，這個書寫方式演變成一種系統，只要將兩種楔形符號以不同方式排列，即可寫出數字1～59。

　　然而，大約四千年前的巴比倫人並沒有如法炮製，而是繼續發明新的排法和符號，因此向前跨出非常大的一步：他們發明了位值系統（place value system），與今天所用的系統非常類似。各個數字並排寫成一串，而每個數字的值（value）視它在數字串的位置（place）而定。

　　以現代使用的系統來舉例，4622這個數字中的「4」代表的不只是4這個值，而是4個1,000；同理，6代表6個100。至於其中的兩個2，也代表不同的值，左邊的2代表2個10，最右邊的2代表2個1。1,000、100、10、1這幾個位值有什麼共通點呢？共通點就是，都是10的乘冪，也就是把10自乘若干次後，所得的乘積：

$$1,000 = 10 \times 10 \times 10 = 10^3$$
$$100 = 10 \times 10 = 10^2$$
$$10 = 10^1$$
$$1 = 10^0 \text{（按照數學上的定義）}$$

　　巴比倫人的系統大致是如此，不同的地方在於它是60的乘

冪，而非10的乘冪。一個數字串裡的數碼及其位置代表這個數字串包含幾個1、60、60^2（=3,600）等。

代表空位的符號

位值系統是非常大的進展。有了這個系統，就不用替愈來愈大的數量級發明新的符號，也能寫出很大的數字，而且複雜的運算也變得比較容易；光是書寫數字的方式就省掉不少麻煩。假設某數有3個60，另一個數有4個60，那麼兩數的總和就是7個60，你很清楚60的倍數那一欄該填什麼。唯一的麻煩是，遇到總和裡60的倍數大於60^2就要進位，就像大於10^2就要進位的系統一樣。

但有個小問題。要是所給的數字不是60或60^2或60某次方的倍數，那要寫什麼？比方說，$3601 = 60^2 + 1$，這個數不是60的倍數，所以60那一欄會缺數字。最初巴比倫人會留個空位表示缺數字，但這可能會引發不少模稜兩可的狀況，究竟這是預留的空格，或者只是書寫者剛好打了個嗝而產生的結果？巴比倫人似乎能靠著直覺判斷出他們所計算的數字大小，不過最好還是有一個占位（placeholder）符號能把60的各個乘冪隔開。

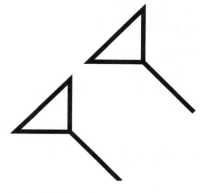

隔開60各個乘冪的巴比倫占位符號

　　像這樣兩個傾斜楔形的新符號在西元前300年左右開始出現。只要看見這個符號，就知道缺了某個60的乘冪。這個高明的新記數系統讓巴比倫的數學突飛猛進，從此就能做許多複雜的計算，並且進一步算出極為準確的天文表。

　　在現代所用的系統發展出來之前，至少還出現過兩種位值系統：一個是大約西元前300年由中國人發明的，另一個是馬雅人發明的。馬雅文明開始於西元前2000年，到西元500年左右到達巔峰。這兩個系統都發展出占位符號；而零也開始在數學中廣泛運用，勢不可當。

空無真的不簡單

　　然而這些文明似乎沒有領悟到，他們的占位符號（即為零）本身也是個數字。領悟到這件事的是印度人，今天所用的記數系統也來自印度。早在西元500年，印度人就已採用十進位的系統。西元499年，數學家暨天文學家阿耶波多（Aryabhata）在他的著作《阿耶波多曆算書》（*Aryabhatiya*）中道出了這個系統的精髓：

> 從一個位置到另一個位置，每一個都是前一個的十倍。

　　印度人用代表「虛空」的梵文來表示零。以小圓圈代表零的最早記載是在西元870年，後來再從小圓圈演變成今天所用的符號0。

　　但最重要的是，印度數學家把0視為一個數，他們可以用0

來計算，甚至問題的答案有可能為0。

　　數學家暨天文學家婆羅摩笈多（Brahmagupta）在西元628年的著作《婆羅摩曆算書》（*Brahmasphutasiddhanta*）裡，為算術制定了規則。他的闡述掌握了0的空無本質：

　　把0加到一個數或一個數減掉0，所得的結果不變：

$$b+0=0+b=b, \quad b-0=b$$

　　這件事讓0與眾不同，因為任何數字跟其他的數相加（或相減），結果多少都會改變。

　　假設還有一個像這樣的數，姑且稱它為 u 好了。把 u 與任何一個數字相加，那個數字都不變，所以：

$$0=0+u$$

　　而0與任何一個數字相加，那個數字也不會變，因此：

$$0+u=u$$

　　兩個算式寫在一起，就是：

$$0=0+u=u$$

　　所以 u 自始至終都等於0！

　　這正是第一個數學證明的例子，數學證明就是一種要確立某件事百分之百屬實的論證。證明是屬於數學上的概念，有如魚和水不可分，我們在後面還會遇到很多例子。

另一個要歸功婆羅摩笈多的算術規則，是0在乘法中的運用：

0乘以任何數仍為0。

這個小小的數字，在加法運算中那麼不起眼，在乘法運算中卻變得十分搶眼。

那麼0在除法運算中又是什麼情形？5除以0，或0除以0的結果是什麼呢？沒想到這些問題很棘手，還為幾百年後才發展出來的數學理論埋下種子。婆羅摩笈多沒有明確回答第一個問題，卻對第二個問題很有把握，他認為0除以0（即$\frac{0}{0}$）應該是0。在現代看來，他是錯的。對於這個複雜難解的問題，另一位印度數學家，婆什迦羅二世（Bhaskara II）有更深入的洞見。

父親的愛

婆什迦羅二世生長於12世紀，很多人認為他是中世紀印度最偉大的數學家和天文學家，但他最有名的數學貢獻似乎是占星術方面的研究；現今我們把占星術視為天文學的壞蛋雙胞胎。相傳婆什迦羅替寶貝女兒看星相，發現她未來可能沒有孩子且終身未嫁，因而感到很驚恐。婆什迦羅不願順應命運，堅決定下女兒出嫁的吉日良辰，為了不錯過這個日子，還建造了一座水鐘。但他的女兒麗拉娃緹（Lilavati）在好奇心的驅使下，湊近看了水鐘，結果嫁裳上的珍珠掉進水鐘裡，把漏水孔堵住了，於是吉日良辰永遠不會來，婚禮沒了！傷心欲絕的婆什迦羅為了安慰麗拉

娃緹，答應用她的名字寫書，而且是一本永垂不朽的著作。很幸運的，這是一本數學書。

《麗拉娃緹》收錄於另一部更偉大的作品，名為《專論之冠》（梵文是 *Siddhānta Shiromani*），內容涵蓋了林林總總的數學問題，包括大量的算術，以及幾何與代數。其中有些問題會提到麗拉娃緹，如「她像小鹿般的眼睛」，許多問題甚至會附上一首詩歌，現代的教科書只能望塵莫及，譬如：

> 一群蜂兒採茉莉花蜜，前往的蜂數是半數之平方根；隨後總數的九分之八也蜂擁而至。夜裡蓮香撲鼻，將最後一隻雄蜂誘入花中且受困，一隻雌蜂循著嗡嗡響聲飛奔而去。美麗的女子呀，蜜蜂有幾多？

如果算不出答案，可以參考本頁下方的解答。

婆什迦羅在《麗拉娃緹》中提出了 0 的運算規則，包括任意數 a：

$$\frac{a \times 0}{0} = \frac{0}{0} = a$$

這似乎是暗示 $\frac{0}{0}$ 可以等於任何一個數（任意數 a），後面章節會提到十分類似的東西。不過，婆什迦羅的偉大見解出現在他

《麗拉娃緹》蜜蜂問題的解答：
假設 x 為蜜蜂的總數。則 $\sqrt{\frac{x}{2}} + \frac{8}{9}x + 2 = x$，經過乘法運算，得出 $\frac{1}{81}x^2 - \frac{17}{18} + 4 = 0$，所以解答為 $x = 72$。

另一本不怎麼出名的作品《代數》（*Vija-Ganita*）裡，他在書裡提到 $\frac{0}{0}$ 應該是：

> 分數 $\frac{3}{0}$ 的商。這個分母為0的分數，稱為無限量。這個量……儘管加或減了許多的數，結果仍然不會變動；就好像無邊無際永恆之神亙古不變一般。

因此，根據婆什迦羅的見解，除以0的結果應該是無限大，他把這個數比喻為永恆不變的神，因為無限大在加法或減法的運算中都維持不變。現代的數學家並不贊同這個想法，但不難理解婆什迦羅為何這麼想。如果我們把一條線愈切愈短，切出來的線段將愈來愈多，小線段長度愈接近0，線段數也就愈趨近無限大。

從上下兩方

在正常情況下，除法的運算具連續性。如果以一連串愈來愈接近2的數去除1，結果會愈來愈接近 $\frac{1}{2} = 0.5$，例如：

$$\frac{1}{1.9} = 0.5263...$$

$$\frac{1}{1.99} = 0.5025$$

$$\frac{1}{1.999} = 0.5003$$

以此類推。

假設除數愈來愈接近0也應該有同樣的結果：

$$\frac{1}{0.001} = 1,000$$

$$\frac{1}{0.0001} = 10,000$$

$$\frac{1}{0.00001} = 100,000$$

$$\frac{1}{0.000001} = 1,000,000$$

答案看起來愈變愈大，甚至靠近或趨近於無限大，而且暗示任意數除以0的結果都會是無限大。

只可惜事情沒那麼簡單。想像溫度計上的刻度0，正的溫度在0的上方，負的在下方。如果把剛才討論到的除數序列（即愈來愈短的長度）標在溫度計上，數列會在正溫度的那一側，而且愈來愈靠近0，但也可以在負溫度的那一側，標出愈來愈靠近0的負除數，譬如−0.001、−0.0001、−0.00001、−0.000001等。正數（例如1）除以負數會得到負數，所以結果就是：

$$\frac{-1}{00.001} = -1,000$$

$$\frac{-1}{00.0001} = -10,000$$

$$\frac{-1}{00.00001} = -100,000$$

$$\frac{-1}{00.000001} = -1,000,000$$

這個數列看起來也是趨近某個無窮的數字，只是方向相反！現在是往溫度計的下方愈掉愈低，而非愈爬愈高。有負的無限大嗎？如果有，它是不是和正的無限大不同？這些問題很難回答。

只能說，現代數學家不會肯定答覆一個數除以0的結果，只會說無法定義（undefined）。

通往極限

那麼0除以0呢？空無一物除以某個東西，仍是空無一物。婆羅摩笈多認為這點是毫無疑問的，所以用愈來愈接近0的數列除以0，結果永遠是0：

$$\frac{0}{0.1} = 0$$

$$\frac{0}{0.001} = 0$$

$$\frac{0}{0.0001} = 0$$

將這個數列裡的數改成負數，相除的結果仍然為0：

$$\frac{0}{-0.1} = 0$$

$$\frac{0}{-0.01} = 0$$

$$\frac{0}{-0.001} = 0$$

以此類推。因此按照婆羅摩笈多的說法，結論就是 $\frac{0}{0} = 0$。

但這又遇到一個小問題。假設取兩個同樣愈來愈靠近0的數列，例如：

$$0.01, 0.001, 0.0001, ...$$

及

0.02, 0.002, 0.0002, ...

然後兩兩相除，也就是：

$$\frac{0.02}{0.01} = 2$$

$$\frac{0.002}{0.001} = 2$$

$$\frac{0.0002}{0.0001} = 2$$

$$\frac{0.00002}{0.00001} = 2$$

以此類推。這兩個數列一個為分子，另一個為分母，而且都漸漸趨近於0，這是否意味了$\frac{0}{0}$應該等於2。同樣的，若把分子分母顛倒過來，用第一個數列裡的數字除以第二個數列的數字，相同的推論卻得出$\frac{0}{0}$應該是$\frac{1}{2}$。事實證明，只要兩個數列選得恰到好處，$\frac{0}{0}$等於任何一個數字皆可成立。這正是數學家決定跳過這個問題的原因，他們公認$\frac{0}{0}$的答案是無法定義的，空無一物除以空無一物，等於什麼也不是！

幸虧婆什迦羅及其他同時代人的努力，儘管遇到這些難題，現代人仍樂於把0當作占位符號，也當成一個數字來使用。不僅如此，0在今天這個數位時代甚至變得更有價值。不過，若要解開數位資訊的祕密，就必須把0的力量與數字1結合在一起。

1 有1就有全世界

　　我們再試一次：世界從來不曾空無一物，至少會有1。你需要的只有1。想一想計物數*1、2、3等，只要不斷加1，就能產生下一個數，譬如2＝1＋1，4＝1＋1＋1＋1，7＝1＋1＋1＋1＋1＋1＋1，這很單調無趣，但也很簡單。每加一個1，就想像自己沿著數線走一步，你會發現自然數排得很整齊，前後間隔距離都是1。

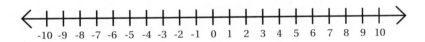

　　數線的概念十分有用。加法直接往前移：6加上4的意思就是以6為起點向前移4步。若是改成以4為起點向前移6步，也會走到同一個地方，因為在加法中順序無關緊要；加法是可交換的（commutative）。

　　減法則是往回走：6−4是從6倒退4步，很簡單！這也把負數放進來了。從0倒退6步會走到−6，從4退8步是−4，所以4−8=−4。這也相當於從−8前進4步，就表示4−8=−8+4=−4。減法可以想成是加上負數的加法，所以也可交換。

　　反覆出現的1威力強大，就連乘法也屈居其下：2×4就是以0為起點向前走2次，每次移4步；也相當於向前走4次，每次移2步（乘法就跟規規矩矩的加法一樣，也是可交換的）。而2×（−4）則代表後退2次，每次退4步，最後走到−8，或是後退4次，每次退2步，而這也告訴我們2×（−4）=−2×4=−8。這就像小學教的：「正正得正」及「負正得負」。

　　這又提供我們一個有趣的想法：「負乘上負」是什麼？教科書都告訴我們負負得正，但為什麼是正？老師通常會說，照做就對了，這是為了讓算術具一致性而採用的慣例。但從數線上可以看出道理何在。負號是表示方向顛倒，舉例來說，−2×3是指「退3次，每次退2步」，但也可以解釋成「走2次，每次走3步，只不過是向後走，不是向前走」。總括來說，就是把−2×（某數n）解釋成「走2次，每次走n步，不過是往n所指的反方向走」。所以如果括號裡的數n是負數，比方你要計算（−2）×（−3），那麼實際上就是往前走6步，等於（−2）×（−3）=6。

要開還是關？

　　如此說來，1可以處理牽涉到整數及整數運算的任何事情。不過，現實生活比這更複雜些。生活中會面臨許多選擇，而且選

項總是至少有兩個：往左或右，要茶或咖啡，養狗或貓。對機器而言，有一個選項特別重要：要開或是關，也可以寫成0（關）與1（開）。如今這是唯一必要的關鍵選項：二進位（binary）世界驅動了現代人的數位生活。

若想理解箇中奧妙，我們可以從數字開始講起。正如第0章所說的，書寫數字的方式仰賴兩個要素：符號0到9，以及這十個符號在一個數裡的位置，而位置可以說明這些符號代表的意義。7345這個數裡的7代表7×1,000，3代表3×100，4代表4×10，而5代表5×1。10、100、1,000等數有什麼特別之處？都是10的乘冪：$10=10^1$、$100=10^2$、$1,000=10^3$。就連1也是10的乘冪，因為按照數學常規，$10^0=1$。現行的數系以10為底數，因此是十進制（decimal）的系統。

但底數可任意選擇，所以也可以用0與1這兩個符號，也就是2的乘冪。2是$1×2^1+0×2^0$，寫成二進位數時就變成10。3是$1×2^1+1×2^0$，在二進位制就是11。4對應到$1×2^2+0×2^1+0×2^0$，在二進位制是100。以下列出零到十的二進位寫法：

0	零
1	一
10	二
11	三
100	四
101	五
110	六

111	七
1000	八
1001	九
1010	十

照這個方式，任何一個正整數都能由0與1組成的二進位數字串表示。如果要表示負數，就直接在數字串的前面補一個位數，當作負號（負整數的二進位表示法有好幾種）。若是要表示非整數，方法一樣，只是要用 $\frac{1}{2}$ 的乘冪。舉例來說，二進位表示法0.111轉換成十進位的數字是 $1 \times \left(\frac{1}{2}\right)^1 + 1 \times \left(\frac{1}{2}\right)^2 + 1 \times \left(\frac{1}{2}\right)^3 = 0.875$。而二進位表示法11.01轉換成十進位數字：

$$1 \times 2^1 + 1 \times 2^0 + 0 \times \left(\frac{1}{2}\right)^1 + 1 \times \left(\frac{1}{2}\right)^2 = 2 + 1 + \left(\frac{1}{2}\right)^2 = 2 + 1 + \frac{1}{4}$$

相當於3.25。

所有符合十進位的數字，都可以用0與1來表示，這也正是電腦表示數字的方法。

對或錯？

但如果電腦只管數字，就不過是美化的計算機罷了。電腦真正的威力在於能夠執行許多複雜的工作，讓你在網路上預訂旅遊行程，或是開會時偷玩踩地雷熬過無聊的議程。電腦之所以能做到這些事，是因為有個基本假設：每件事不是真就是假。這在現

實生活中不怎麼適用，但在數學上（通常）是可行的。19世紀英國數學家喬治・布爾（George Boole）受到這個想法啟發，建立了完整的邏輯系統。

　　布林邏輯（Boolean logic）根據的概念是，語句可用「且」（AND）、「或」（OR）等連接詞連起來。而複合語句的真假，要視組成部分的真假而定，譬如，「吉姆朝我走來」這句話是對的，是否代表「吉姆朝我走來，且吉姆死了」這句話也是對的呢？當然不是。（除非吉姆是僵屍，這樣的話，還不快跑！）只有在P與Q都對的情形下，複合語句「P且Q」才是對的；其中一句是對的，還不夠好。而兩者都錯時，複合語句顯然也是錯的。

　　你可以從「且」運算子*的真值表（truth table）弄清楚這件事。真值表列出了兩個組成句P與Q真假值的所有組合，同時告訴我們「P且Q」的對應結果是什麼。

P	Q	P且Q
真	真	真
真	假	假
假	真	假
假	假	假

　　「或」運算子就寬鬆多了。只要P與Q其中一句是對的，複合語句「P或Q」就是對的，譬如「吉姆朝我走來，或吉姆死了」。

---

* 程式語言中提供運算功能的是為運算子（Operator）。

P	Q	P或Q
真	真	真
真	假	真
假	真	真
假	假	假

　　除了「且」及「或」，布爾還定了「非」（NOT）運算子，這只需要一個語句。

P	非P
真	假
假	真

　　如果「吉姆朝我走來」這句話是對的，那麼「吉姆沒朝我走來」顯然就是錯的，反過來也一樣。所以「非」運算子只是轉換語句的真假值。

　　運用「且」、「或」及「非」，電腦就可以建構出各種複雜的語句，而從這些真值表，也可以查出這些語句是真還是假。

邏輯和

　　真值表聽起來很複雜枯燥，但只要把這些內容轉化為一個數學問題，就可以讓事情簡化。布爾領悟到，二進位邏輯運算的運作方式與平常所用的四則運算極為相似，只是有幾個小變化。

　　首先，這種新的算術（稱為布林代數）所用的變數是邏輯

語句（約略來說，句子不是對就是錯，譬如「吉姆是僵屍」）。這些變數只有兩個值，錯的語句為0，而對的語句為1，這麼一來，就能用0與1把「或」運算子重新寫成一種加法：

0+0=0（因為當P與Q都為假時，「P或Q」也為假）

1+0=0+1=1（因為「假或真」及「真或假」都為真）

1+1=1（因為「真或真」為真）。

也可以把「且」運算子重新寫成一種乘法：

0×1=1×0=0（因為「假且真」及「真且假」都為假）

0×0=0（因為「假且假」為假）

1×1=1（因為「真且真」為真）。

由於變數的值只能是0與1，所以就能把「非」運算子定義成補數（complement），也就是把一個數的值變成相反值：

若$A=1$，則$A'=0$

若$A=0$，則$A'=1$

$A+A'=1$（因為「真或假」為真）

$A×A'=0$（因為「真且假」為假）

從許多方面看，這些運算的新寫法很像我們熟悉的加法及乘法概念，但有幾個主要的區別。在布林代數中，方程式的某些部分可以省略，這點相當方便。舉例來說，在以下的算式當中：

$A+A×B$

不管 B 的值是什麼或它代表什麼邏輯語句，這個變數都無關緊要，因為如果 A 為真（相當於 $A=1$），那麼不管語句 B 為真或為假，「A 或（A 且 B）」都是對的，而如果 A 為假（即 $A=0$），那麼不管 B 的值是什麼，「A 且 B」都是錯的，因此「A 或（A 且 B）」也為假。布林代數讓某個變數消失了：運算式 $A+A \times B$ 就等於簡簡單單的 A：

$$A+A \times B=A$$

耀眼的新秀

1936年，正在寫碩士論文的20歲麻省理工學院學生克勞德・夏農（Claude Shannon）對這種簡化的威力產生了興趣。

夏農的碩士論文裡，揉合了他在數學與電子工程這兩個領域學得的想法。他思考的是開關與繼電器接成的複雜電路（譬如在電話交換機所用到的電路），而數學方面的知識讓他領悟到，這些電路是布林邏輯代數的具象化。

假設你設計了一個電路，上頭接了一個開關和燈泡，開關打開時電路接通，燈泡就亮了，開關一關上，電路切斷，燈泡就熄了。再假設你有兩個開關，以串聯的方式接在電路上（如下頁圖1），那麼兩個開關都打開，燈泡就會亮。但兩個開關若是以並聯的方式接在電路上（如下頁圖2），那麼只要打開其中任何一個開關，燈泡就會亮。

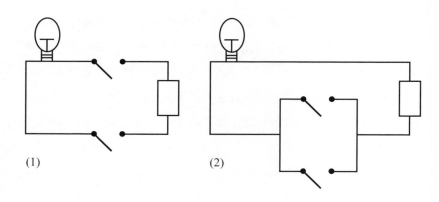

接有兩個開關的電路：(1)開關串聯；(2)開關並聯。

若把所有的結果列成下面兩個表：

電路1—開關串聯

開關1	開關2	燈泡
開	開	亮
開	關	不亮
關	開	不亮
關	關	不亮

電路2—開關並聯

開關1	開關2	燈泡
開	開	亮
開	關	亮
關	開	亮
關	關	不亮

　　這看起來很眼熟吧。如果你把「電路1」表格內的「開」與「亮」換成「真」，「關」與「不亮」換成「假」，就會變成「且」運算子的真值表。同樣的，電路2可轉換成「或」運算子的真值表。而且只要使用一個與正常開關運作方式相反的開關，就可以做出代表「非」運算子的電路：關上開關時反而讓電路接通，而開關打開時會切斷電路。

　　電路與邏輯之間的對應關係極其有用。夏農發現，假設電路設計十分複雜，用到一大堆電線及開關，只要把對應的布林代數式寫下來，就能快速利用簡化法則，移除電路中的過多元件（例子請見下頁專欄）。

　　在夏農提出研究成果之前，要簡化電路設計，必須寫出電路中各開關的所有可能位置，然後逐一檢驗，夏農曾形容這個過程「十分乏味，容易出錯」。而現在，由於他的獨到見解，任何一種電路都能輕易用布林代數來描述並簡化。

　　不過，夏農的想法並未就此打住。1948年，在AT&T貝爾電話公司擔任研究員的夏農，發表了〈通訊的數學理論〉這篇具革命性意義的論文。他的創新想法是，任何一種資訊都能用一連串的0與1描述，不管這資訊是圖片、文字、聲音還是數字。他也是第一個把這些二進位數（即0與1的數字串）描述成「位元」（bit）的人。利用這些具體呈現出邏輯運算子「且」、「或」、「非」的電子電路，就能對二進位的資訊執行可分解成邏輯步驟的任何運算，唯一的限制就只有想像力與現有的技術。

邏輯的極限

　　布林邏輯的開／關概括了人類一直以來對於數學的認知：一切不是真就是假，而且無論真假，都與個人好惡無關。到了20世紀初，布林去世幾十年後，科學家愈發期盼所有的數學都能像布林邏輯一樣機械化。也就是把數學轉換成一個巨大但邏輯嚴謹的體系，而不是由幾何、代數、微積分等不同領域鬆散連結起來

夏農，簡單就好

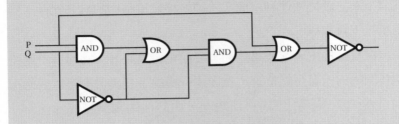

這個電路圖是用「且」、「或」、「非」的邏輯閘*符號寫成，邏輯閘能把 P 與 Q 的 0／1 值組合起來。

上面的電路可對應到以下的運算式：

$$([P \times Q + Q'] \times Q' + P)'$$

利用布林代數的法則，就可以把它簡化成更加簡單的運算式：

$$Q \times P'$$

也就是說，利用布林代數分析原始電路之後，會發現只要兩個閘的簡單電路就能做到與原先複雜電路一樣的事。

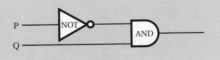

---

* 邏輯閘是數位邏輯設計中的最基本元件，利用邏輯閘及真值表可完成整個電路的運作，廣泛運用於 IC（積體電路）、電腦主機板、航空儀器、電子通信等。

的一團東西。

　　這個形式系統化夢想背後的概念，可以回溯到西元前3000年的古希臘數學家歐幾里得（Euclid）。歐幾里得的著作《幾何原本》（*The Elements*）是古今最成功的數學教科書之一；據稱版本數量超越它的只有《聖經》。歐幾里得在《幾何原本》中提出了五條公設（axiom），他認為所有的幾何都應該建立在這套基礎上。這五條公設都是顯而易見的敘述，不需要再做論證：

1. 任兩點都可以連出一段直線。
2. 任一條直線段都可以在直線上無限延伸。
3. 任一直線段，就能以此線段為半徑、線段其中一端為圓心，畫出一圓。
4. 所有直角都相等。
5. 這個公設有點拗口，但意思相當於：三角形的三個內角總和為180度。

　　言下之意就是，任何幾何敘述（語句），應該都可透過邏輯論證，直接從這些公設推導出來。這麼一來，除非你對這些公設存有疑慮，否則推導出來的敘述鐵定是對的。

　　歐幾里得的五個公設是幾何學上的，但也能提出描述整數的公設（或公理）。其實前述文章已經隱約提到這套公理背後的重要概念。這套公理是義大利數學家朱塞佩・皮亞諾（Giuseppe Peano）在1889年提出的，他認為所有自然數都可由連續步驟產生。皮亞諾公理的前四個分別是：

- 0是一個數。
- 每個自然數的後面都接著一個數（後繼數）。
- 沒有哪個自然數的後繼數是0。
- 不同的自然數會有不同的後繼數。

如此就能產生所有的數及排序，也有了加法與乘法，而且就像前面所說，這兩種運算會對應到數字在數線上的前後移動。

皮亞諾的第五個公理與數無關，而是如何描述所有數的某個性質，即使有無窮多個數。他大致的想法就是，如果某性質對第一個自然數0來說是對的，*而且可以證明它對任一個數 n 為真時，就代表它對下一個數 n+1 也為真*，那麼此性質對所有的數來說就都是對的。這很像骨牌效應：若它對0為真，對1就一定為真，對2也必定為真，以此類推，一直到無限大。這第五公理稱為*歸納法原理*（principle of induction）。

用一套公理把一切結合起來

英國思想家伯特蘭・羅素（Bertrand Russell）受到皮亞諾的想法啟發，與艾弗瑞・懷海德（Alfred N. Whitehead）合作，嘗試完成公理化的夢想。在兩人合著的巨作《數學原理》（*Principia Mathematica*）（出版於1910～1913年間）中，他們企圖證明所有的純數學都能建立在一套精簡的公理基礎上。這並不容易，他們一直寫到第二卷才提到「1+1=2」的證明，而且也沒有完全成功，無法證明他們所建立的公理系統毫無矛盾之處。

　　奧地利人庫特·哥德爾（Kurt Gödel）注意到了邏輯學上這些令人振奮的發展。哥德爾生性害羞內向，喜歡哲學，他在這方面的鑽研達到了巔峰，並帶來巨大的衝擊。

　　假設你有一套做出邏輯論述的公理及法則，再假設你的公理系統可以描述自然數及其算術。最後，還要假設你的系統不會自相矛盾，這也是任何一個數學構念＊必備的條件。哥德爾在1931年證明了他的第一個不完備定理（incompleteness theorem），這個定理是說，在這樣的系統中，永遠會有一些關於自然數的陳述無法證明對或錯。他並不是指那些跟數無關的陳述，像是「世界由變形蜥蜴統治」或「我愛你」，而是指能夠以系統語言表達的陳述。有些事情雖然可由公理系統表述，但就是沒辦法證明，即使它是最好的公理系統。這也解釋了這個定理的命名：凡是像這樣的系統必然是不完備的。

　　這聽起來不妙，但說不定有方法解決。假設你碰到一個無法證明的陳述，而且你很確定這個陳述應該是對的。既然不能從諸多公理導出這個陳述，何不乾脆把它變成一個公理？你只要把它視為對的，然後繼續做下去，畢竟大多數人在現實生活中都是這麼做的；很多事我們證明不了，卻選擇相信。

　　不過，這種權宜之計行不通。根據哥德爾的定理，即使額外附加了公理的新系統沒有矛盾，還是會有其他不能證明的陳述，你只能舉白旗投降。

＊ 構念也是概念的一種，屬於抽象的心理特質，無法透過客觀現實世界的直接觀察，而需藉由理論或間接觀察推導得出。

這是個根本的漏洞？

　　想一下你就會明白後果有多麼嚴重。這意味著，數學本質上不是只有真假，而是有可能兩者皆非。事實上，只要改變法則（公理），就能按照個人好惡讓某些陳述為真或為假。崇高的數學領域也許只是個人看法？

　　從表面看來，這很讓人擔心，畢竟我們搭乘的飛機、開的車子及繳納的稅款都是用數學建構出來的。要是這些計算背後的數學真理不怎麼真確呢？但不必擔心。哥德爾原先的定理建立在自我指涉*的陳述上，譬如「這個句子無法證明是真或是假」。如果你可以證明它是真的，那麼它就會變成假的，反之亦然，因此而產生了矛盾。從哥德爾的時代以來，數學家為不可證明的陳述找到了更多具體的例子，但到目前為止，這些例子多半屬於高不可攀的抽象數學，對現實世界不會造成影響。對於目前及未來幾個世紀，生活中的數學皆是安全的。

　　但數學哲學家還沒有放棄。即使沒有一套明確的公理，可以一舉證明所有的數學孰真孰假，不過仍然可以選擇一套感覺起來最自然的公理；這套公理會將最符合直觀的不可證陳述視為真確。哲學家也有很實際的一面。

　　哥德爾的不完備定理（不只一個，還有第二個）替他贏得了讚譽，但沒有讓他免於悲慘的晚年。他顯然患有疑病症，老是害

＊　自我指涉（self-referential）常見於日常語言中，數學基礎和認知科學裡皆隨處可見，造成的矛盾在邏輯上無懈可擊，專家除了盡量規避之外，至今仍然沒有妥善的解決方案。

怕中毒，而且一直有心臟方面的問題（可能是想像出來的）。他在1930年代中期，於維也納與美國兩地旅行期間，罹患神經衰弱。幫助哥德爾度過這些艱難歲月及往後時日的，是他的伴侶阿德蕾·波克特（Adele Porkert），她是位舞孃，比哥德爾大六歲，離過婚，哥德爾的父母不怎麼喜歡她。

1939年，哥德爾得知自己符合德國軍隊服役條件，並意識到納粹德國的嚴酷現實。於是在普林斯頓高等研究院的協助下，他和阿德蕾在1940年拿到了美國簽證，此後就留在美國。1940年代末到1950年代初，愛因斯坦提供哥德爾相當大的資助。

大約從1958年發表了最後一篇論文後，哥德爾就變得愈來愈孤僻，精神不穩定。1970年代中期，他遭受幾次殘酷的打擊。先是1976年阿德蕾中風，需要靠他照顧，與此同時，他的摯友奧斯卡·摩根斯坦（Oskar Morgenstern）因癌症病逝。仍舊疑心有人要下毒的哥德爾，開始絕食，最後於1978年1月14日去世。

哥德爾並不是數學史上唯一命運淒慘的人物；你還會在這本書中看到好幾位。最著名的一位也許要回溯到古希臘時代，而且故事牽涉到非常特殊的數：2的平方根。

$\sqrt{2}$ $\sqrt{2}$ 導致的殺身之禍和蝴蝶效應

　　學校教過的數學課程中最讓人印象深刻的，可能是畢氏定理。這個定理是：取一直角三角形，以直角的兩邊（股）為邊長各畫一正方形，則這兩個正方形的面積總和，會等於第三邊（斜邊）畫出的正方形面積。邊長為 a 的正方形，面積是 $a \times a = a^2$。如果這個直角三角形的邊長為 a、b、c，且 c 是最長邊，那麼畢氏定理得出的結果是：

$$a^2 + b^2 = c^2$$

　　從這個漂亮的結果，你可以算出各種東西，包括正方形的對角線長等。正方形的對角線加上兩邊，就構成了直角三角形，如果正方形

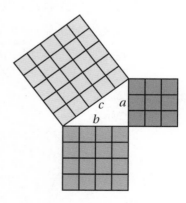

兩個小正方形的面積總和，恰好等於大正方形的面積。

的邊長為1，由畢氏定理可知：

$$1^2 + 1^2 = 2 = d^2$$

這表示對角線的長度d等於$\sqrt{2}$，也就是自乘結果等於2的數。

狡猾的根

除非你已經發覺$\sqrt{2}$有點難定出精確的數值，否則這個數沒什麼大不了的。如果拿1.5自乘，會得到2.25，比2大很多；改用1.4，則得到1.96，又變得太小。（1.41）^{2}=1.9881，還是太小，但（1.42）^{2}=2.0164又會超過2。

看起來無計可施，事實上也的確辦不到。$\sqrt{2}$是*無理數*，意思是無法寫出它所有的位數：完整的小數展開式是無窮盡的，而且沒有不斷重複出現的數字模式。$\sqrt{2}$前面20位是：

1.4142135623730950488

發現無理數，可能招來殺身之禍

簡單的正方形對角線，無意間產生了一個性質極為有趣的數。但事實上，畢達哥拉斯（Pythagoras）的門徒不太高興。畢達哥拉斯學派是西元前五世紀活躍於克羅頓（Croton，現今的義大利）的祕密幫派，除了奉行素食主義以及不吃豆類之外，他們

把求知尊為道德健全生活的基石。數學是畢氏哲學的核心：據說 mathematics（數學，意為「所學習的」）及 philosophy（哲學，意為「愛好智慧」）這兩個詞是畢達哥拉斯所創，據傳，「萬物皆數」是他的座右銘。

問題是，畢氏學派所指的「數」只有整數及整數之比，也就是 $\frac{1}{2}$、$\frac{1}{4}$、$\frac{3}{4}$ 等分數。無理數沒辦法寫成分數；事實上，這正是定義無理數的方式（如果你熟悉長除法，就可以自行驗證，任何一個分數都能表示成有限小數或循環小數）。希帕索斯（Hippasus of Metapontum）發現有些數（譬如 $\sqrt{2}$）可能是無理數，他也是畢氏學派的一員，根據（相當隱晦的）歷史證據顯示，他因此受到嚴厲的懲罰：在海上沉船淹死。應該沒幾個人因為區區一個數而丟了性命吧？

無理但不悖理

證明 $\sqrt{2}$ 是無理數的標準證法，是數學上經常使用的論證形式的重要範例，也就是歸謬法（完整證明詳見次頁的專欄）。要證明某件事（比方說 $\sqrt{2}$ 是無理數），你必須先做相反的假設（$\sqrt{2}$ 可以寫成分數），如果之後推算出矛盾的結果，就能斷定你原先的假設一定是錯的，也就證明你最初的陳述（$\sqrt{2}$ 是無理數）必定為真。這是很自然的推理方法，舉例來說，你假設管家殺了人，但如此一來，管家必須同一時間出現在兩個地方，這顯然說不通，那麼你就能推論原先的假設必定是錯的，而管家是清白的。歸謬法是數學的支柱，但也可能產生令人驚訝的結果。你將

在第3章看到更多的例子。

　　希帕索斯的發現只是巨大冰山的一角。隨便取一小段數線，不管多小段，都有無窮多個無理數。那些能寫成分數的有理數，可以依序排列並賦予1、2、3等標籤，但無理數實在太多了，根本沒辦法用同樣的方式來區隔。你在數線上隨意一戳，碰到無理數的機率是1，而碰到有理數的機率是0。因此就數字而言，畢氏學派完全錯了。

證明 $\sqrt{2}$ 是無理數

　　假設 $\sqrt{2} = \dfrac{m}{n}$，其中的整數 m 與 n 沒有公因數（除了1，沒有其他數可同時整除 m 和 n）。

　　於是：

$$2 = \frac{m^2}{n^2}$$

　　因此：

$$2n^2 = m^2 \text{。}$$

　　這表示 m^2 是偶數，m 也是偶數，因為奇數的平方永遠是奇數。所以，m 可以寫成 $2k$，而 k 是某個正整數。把上式中的 m 換成 $2k$，就得到：

$$2n^2 = m^2 = 4k^2$$

　　除以2，就是：

$$n^2 = 2k^2$$

所以 n^2 也是偶數，n 也是偶數，但這產生了矛盾，因為我們一開始假設 m 與 n 沒有公因數。因此，$\sqrt{2}$ 不能寫成 $\dfrac{m}{n}$，即為無理數。

$\sqrt{2}$ 可以是好事

假如畢氏學派知道無理數多麼有用，大概就不會因為有人發現無理數而這麼不高興了。幾乎每天都會用到的例子是紙張。歐洲採用的標準紙張尺寸 A5、A4、A3 等，有個非常棒的特點，就是將兩張同尺寸的紙並排起來，即能拼成大一級的尺寸，譬如兩張 A4 紙能拼成一張 A3。且小一級紙張寬度（W）的兩倍，等於大一級紙張的長度，而小一級紙張的長度（L）等於大一級紙張的寬度。

所有尺寸的紙張，長寬比都是一樣的，也就是：

$$\frac{W}{L} = \frac{L}{2W}$$

可以改寫成：

$$\left(\frac{L}{W}\right)^2 = 2$$

意思就是：

$$\frac{L}{W} = \sqrt{2}$$

A系列紙張的正字標記就是每張紙的長寬比均為$\sqrt{2}$。

為什麼這很有用？如果你希望影印機能夠把原稿縮小（或放大）一級影印，就需要此系列紙張的各個尺寸有同樣的長寬比。假如長寬比不同，縮小影印後周圍就會多出白邊。兩張同尺寸的A系列紙張可並排成大一級的紙張，代表不管你想把兩張A4還是一張A3縮小一級，都可以採用同樣的縮小倍率。

影印機還會自動計算。如果你要縮小，影印機提供的倍率是70%，有時候是71%，把這些數字寫成小數（70或71除以100），結果是0.7及0.71，兩個數都非常接近：

$$\frac{1}{\sqrt{2}} = 0.707106...$$

這個縮小倍率，正是把一張A3（或兩張A4）縮小到一張A4所需要的比例。原紙張的長度L與寬度W會縮小到$\frac{L}{\sqrt{2}}$及$\frac{W}{\sqrt{2}}$，這表示新紙張的面積會變成：

$$\frac{L}{\sqrt{2}} \times \frac{W}{\sqrt{2}} = \frac{LW}{\sqrt{2}}$$

就是原來的一半，且因長寬比維持不變，所以能把原來的紙張剛好縮小到A4的尺寸。

放大影印也是同樣的道理。影印機提供的放大倍率是140%或141%，對應的數字很接近$\sqrt{2}$，所以可以把一張A4放大到A3的尺寸。

雪球……

　　影印機無法儲存無窮多位數，所以只能逼近 $\sqrt{2}$ 的值。對現實生活應用來說，這種近似值應該夠好了吧？畢竟，只取前五位小數，準確度就達到 10 萬分之一了。

　　結果卻不盡然。1961 年，氣象學家愛德華・勞倫茲（Edward Lorenz）因為隨意處理小數位，而無意間創立了一門新的數學分支。詹姆斯・葛雷易克（James Gleick）所寫的《混沌》（*Chaos: Making a New Science*）一書中，記述了這段精采的故事。當時勞倫茲正在做天氣的電腦模擬，他想出了一組方程式，可描述大氣過程的梗概，也就是像壓力、溫度、風速等相關的量。只要輸入一組初始值，電腦就會跑出描述隔天天氣的數據，接著是兩天後、三天後、更多天後的數據。勞倫茲的模型太過簡單，如同玩具模型，無法準確描述真實的天氣，但這就是科學之路：從你可以了解的部分著手，再把做出來的結果跟實際值比較，然後修正改進，或是提出新的想法。

　　但令人振奮的是，勞倫茲模擬出來的天氣看起來與實際相符。某天他決定以一組特定的起始值，把某個特定的模擬再做一次，不過他並不是從頭執行，而是擷取電腦在第一次模擬中途產生的數據，這些數據描述的是某個特定時間點的天氣。他把這些數據當成第二次模擬的起始值輸入模型，對後續的天氣預測應該不會造成影響；同樣的計算應該會得出同樣的結果。然而出乎意料地，勞倫茲看到完全不同的天氣模式，經過一番檢驗，他領悟到問題出在第二次模擬所用的數字稍微不準確，他用了 0.506，

而不是第一次電腦模擬時產生的0.506127。多次重複計算下來，這個微小的誤差像滾雪球般造成很大的影響。

……還有蝴蝶

勞倫茲發現的現象，今日稱為**蝴蝶效應**。意指即使蝴蝶振翅引起的微小擾動，也可能在世界另一頭形成龍捲風。勞倫茲的方程式系統對初始條件是非常靈敏的，也就是說，只要起始條件稍有不同，就有可能產生極不相同的結果。

勞倫茲的發現催生了廣義稱為**混沌理論**的數學領域，從氣候到股市等各種預測，都深受這項發現所苦。既然永遠不會百分之百準確知道初始條件，就無法打包票說誤差不會變大。據傳物理學家尼爾斯・波耳（Niels Bohr）曾說過這麼一句名言：「預測是非常困難的，尤其是預測未來。」

誤差範圍

回頭來談畢氏定理，不是所有從畢氏定理產生的數都是無理數。譬如兩股長分別是3與4的直角三角形。由畢氏定理可以得知第三邊的邊長d等於：

$$d^2 = 3^2 + 4^2 = 9 + 16 = 25$$

所以$d = \sqrt{25}$。幸運的是，25的平方根不是無理數，而是整數5。3、4、5這組數字構成了畢氏三元數（Pythagorean triple），也

就是滿足下列方程式的三個整數（a, b, c）：

$$a^2 + b^2 = c^2$$

這樣的畢氏三元數還有很多，實際上有無窮多組，例如：5、12、13；8、15、17；7、24、25。

如果把問題稍微改一下，變成要找三個整數滿足以下這些方程式：

$$a^3 + b^3 = c^3$$

或

$$a^4 + b^4 = c^4$$

或

$$a^5 + b^5 = c^5$$

或是寫成公式：

$$a^n + b^n = c^n$$

其中 n 為某個正整數，結果會怎麼樣？

喜歡思考數字的人很自然就會想到這一類的問題，法國人皮耶·德·費馬（Pierre de Fermat）正是其一。費馬深信，只要算式中的乘冪大於2，這種三元數便不存在，他還在一本數學書的頁邊空白處批註：

不可能把一個立方數分成兩個立方數，或是把一個四次方數分成兩個四次方數，或是把高於二次的任意次方數分成兩個相同次方數。我已經找到一個絕妙的證明，只是這裡的空白處太小，寫不下。

費馬確實提出了針對$n=4$的論證，但僅此而已。這個吊人胃口的猜想（後來稱為費馬最後定理），纏擾了數學家三百五十多年。

努力不懈的懷爾斯

10歲的安德魯・懷爾斯（Andrew Wiles）是其中一位，1963年他在圖書館發現了費馬最後定理，而且馬上被迷住了，後來更決心以這個問題為畢生志業。懷爾斯先後在牛津、劍橋拿到數學學士、博士學位，最後在普林斯頓大學獲得教職，他在這裡偷偷埋首鑽研這個問題。不過，承認自己正在研究這個超級難題、這個數學聖杯，可能太惹人注目。懷爾斯在1996年的BBC《地平線》（Horizon）節目中說：「你必須全神貫注，才有辦法讓自己專注好幾年，如果太多人關注，會分散注意力。」

懷爾斯的研究遠遠超出了整數的範疇。他認為如果費馬的方程式$a^n+b^n=c^n$在某個整數n的情況下確實有整數解a、b、c，那麼它就與幾何物件橢圓曲線有關。1950年代，日本數學家志村五郎和谷山豐已經提出，橢圓曲線可能與模形式（modular form）相關，其特徵是由本身具有的對稱性來描述。但後來發現，如果

費馬最後定理是錯的，它的橢圓曲線就沒有任何對應的模形式。

　　這個推理也可以反過來思考，倘若志村和谷山的猜想是對的，所有的橢圓曲線都與模形式有關，那麼費馬最後定理也一定是對的，別無其他可能。因此，若能證明谷山—志村猜想，就等於是證明了費馬最後定理。

祕密解法

　　懷爾斯在離群索居期間，選擇了這個研究方向。雖然普遍認為以當時的數學知識無法證明谷山—志村猜想，但他並沒有卻步，仍舊著手證明這個猜想。經過七年的努力，懷爾斯在1993年6月23日宣布捷報。他在劍橋的牛頓數學科學研究所，向一群目不轉睛的數學家發表自己的證明，在座的聽眾十分清楚這場報告的重要性；親眼見證懸宕百年之久的數學問題解開，這種好事可不是每天都會發生。可惜，後來發現懷爾斯的證明中有個嚴重的漏洞，這個漏洞又花了懷爾斯一年的時間，加上他昔日學生理查・泰勒（Richard Taylor）的協助，才得以補救。懷爾斯的方法終究解開了這個纏擾三百五十七年的難題。

　　我們永遠不知道費馬寫下那段著名的批註時，腦袋裡在想什麼，只能猜測，假如畢達哥拉斯知道自己對於直角三角形的洞見衍伸出多少東西，可能會有什麼想法。也許隨後兩千年來的數學之美與魔力，能減輕畢達哥拉斯對希帕索斯證明的恐懼。而且事實上，$\sqrt{2}$ 還不是最糟的無理數；這份榮耀要留給另一個數：ϕ。

φ　最無理的無理數，藏在向日葵裡

　　就糟糕的發現而言，希帕索斯的發現堪稱是最糟糕的了，$\sqrt{2}$ 不但是無理數，還比其他無理數更加無理。到底無理數可以多無理？哪個數最無理？

　　我們無法把無理數寫成兩個整數 a 與 b 之比 $\frac{a}{b}$，但還是可以用簡單的分數逼近無理數，譬如 $\frac{17}{12} = 1.416666...$ 就是非常接近 $\sqrt{2} = 1.414213...$ 的近似值，而 $\frac{41}{29} = 1.41379...$ 又更逼近。要怎麼找到這樣的近似值呢？

　　祕訣是把數字換個寫法。首先看 $\sqrt{2}$ 的第一個有理逼近：$\frac{17}{12}$。這個分數可以寫成：

$$\frac{17}{12}$$

$$= 1 + \frac{5}{12}$$

$$= 1 + \cfrac{1}{\left(\cfrac{12}{5}\right)}$$

$$= 1 + \cfrac{1}{2 + \cfrac{2}{5}}$$

$$= 1 + \cfrac{1}{2 + \cfrac{1}{\left(\cfrac{5}{2}\right)}}$$

$$= 1 + \cfrac{1}{2 + \cfrac{1}{2 + \cfrac{1}{2 + \cfrac{1}{2}}}}$$

這一串層層套疊的分數叫做連分數。$\dfrac{41}{29}$ 也可以用類似的方法改寫：

$$\dfrac{41}{29}$$

$$= 1 + \dfrac{12}{29}$$

$$= 1 + \cfrac{1}{\left(\cfrac{29}{12}\right)}$$

$$= 1 + \cfrac{1}{2 + \cfrac{5}{12}}$$

$$= \cdots$$

$$= 1 + \cfrac{1}{2 + \cfrac{1}{2 + \cfrac{1}{2 + \cfrac{1}{2}}}}$$

$\frac{41}{29}$ 的連分數比 $\frac{17}{12}$ 多套疊了一層，從中可以看出某個模式，能夠繼續套疊下去。事實上，你想得出多靠近 $\sqrt{2}$ 的結果都可以。$\sqrt{2}$ 的連分數展開式是：

$$\sqrt{2} = 1 + \cfrac{1}{2 + \cfrac{1}{2 + \cfrac{1}{2 + \cfrac{1}{2 + \cfrac{1}{2 + \cfrac{1}{2 + \cdots}}}}}}$$

這個展開式不像 $\sqrt{2}$ 的其他有理逼近，它有無窮多層，永遠寫不完。所有的無理數都是如此，它們的連分數都是無限連分數。把無理數的無限連分數展開並逐層截斷，就能得到一串愈來愈逼近的分數序列。

連分數逼近		
$1 + \cfrac{1}{2}$	$\frac{3}{2}$	1.5
$1 + \cfrac{1}{2 + \cfrac{1}{2}}$	$\frac{7}{5}$	1.4
$1 + \cfrac{1}{2 + \cfrac{1}{2 + \cfrac{1}{2}}}$	$\frac{17}{12}$	1.41666...
$1 + \cfrac{1}{2 + \cfrac{1}{2 + \cfrac{1}{2 + \cfrac{1}{2}}}}$	$\frac{41}{29}$	1.41379...
$\vdots$		$\vdots$
$1 + \cfrac{1}{2 + \cfrac{1}{2 + \cfrac{1}{2 + \cfrac{1}{2 + \cfrac{1}{2 + \cdots}}}}}$	$\sqrt{2}$	1.41423...

√2 的連分數呈現出一個漂亮的模式，但若把 √2 寫成小數，這個模式就消失了。不過，這個模式的優雅簡潔也使 √2 難以逼近。無理數的連分數展開，與這個數的分數逼近結果有很大的關係，假設出現在連分數中的數字永遠不會超過某個界限，連分數逼近的每個分數與這個無理數的距離就會受到內在限制。√2 正是如此，它的連分數展開中的數字都沒有超過 2。√2 是**不好逼近的**（badly approximable）。

但更糟的是，連分數展開中只含 1 的那個數：

$$\phi = 1 + \cfrac{1}{1 + \cfrac{1}{1 + \cfrac{1}{1 + \cfrac{1}{1 + \cfrac{1}{1 + \cfrac{1}{1 + \cdots}}}}}}$$

這個數正是名聲響亮的**黃金比** ϕ，寫成小數後的值為 1.6180339... 不怎麼起眼。也許你已經猜到，ϕ 是所有無理數中最不好逼近的。從這層意義來看，它是最無理的無理數。

要怪就怪那些兔子

在所有可挑選出來逼近的分數序列中，把連分數切斷後的那個分數可能算是最好的，這當中也有一個迷人而且可能為人熟悉的模式。

1	$\frac{1}{1}$
$1 + \frac{1}{1}$	$\frac{2}{1}$
$1 + \cfrac{1}{1+1}$	$\frac{3}{2}$
$1 + \cfrac{1}{1+\cfrac{1}{1+1}}$	$\frac{5}{3}$
$1 + \cfrac{1}{1+\cfrac{1}{1+\cfrac{1}{1+1}}}$	$\frac{8}{5}$
$1 + \cfrac{1}{1+\cfrac{1}{1+\cfrac{1}{1+\cfrac{1}{1+1}}}}$	$\frac{13}{8}$
$\vdots$	$\vdots$

一個分數的分子變成下一個分數的分母：

$$\frac{1}{1} , \frac{2}{1} , \frac{3}{2} , \frac{5}{3} , \frac{8}{5} , \frac{13}{8} , \frac{21}{13} , \frac{34}{21} \cdots$$

從 ϕ 的這些近似值中大概可以看出以下數列：

1, 1, 2, 3, 5, 8, 13, 21, 34, 55, 89 ...

這些數有個更為人熟知的名稱，就是**費波納契數**。

這是數學史上最著名的數列之一，而它的命名是為了紀念那位把此數列介紹到西方的人。嗯，也不完全是這樣。他本身從來沒有用過費波納契（Fibonacci）這個名字，而是自稱比薩的雷奧納多（Leonardo Pisano），因為他的家鄉在義大利的比薩。一般認為，費波納契這個稱呼來自他的名作《計算之書》（*Liber*

Abaci），這本書的第一行翻譯出來的意思大致是：「這是計算之書，由比薩的波納契歐家族之子雷奧納多所作，著於1202年。」其中提到了他父親威廉·波納契歐（Guglielmo Bonaccio）的家族。幾世紀後，有些學者在分析《計算之書》的手抄本時（在13世紀要出版書籍，唯一的方法就是親手謄寫，因為印刷機還要再等兩個世紀才問世），似乎把描述這個家族關係的拉丁文用語「filius Bonacci」縮寫成 Fibonacci，並將之當成他的姓氏。

雖然不知為何廣為人知的不是費波納契的本名，但這也無可厚非，因為使他出名的事情只不過是用來說明更大數學成就的例證。由於父親在北非經商，他也在北非長大求學，而且去過埃及、敘利亞和希臘，所以他知道源於印度、後來經阿拉伯人採用的數字系統（使用數字0, 1, 2...9）遠比西方世界當時仍在使用的累贅羅馬數碼還要有用。他一回到義大利，就寫了《計算之書》，這本書把阿拉伯的數字系統介紹到西方，展現了它的價值（第0章已經提及）。後來稱為費波納契數列的那些數，正是他用新數碼來計算的範例之一：

> 某個人在一塊圍起來的地方養了一對兔子。假如這對兔子的生命週期是一個月後生下一對小兔子，而過了第二個月後這對小兔子長成大兔子，也生下一對小兔子，那麼這對兔子一年後總共繁殖出多少兔子？

讓我們慢慢思考這個問題。一開始有1對小兔子，第二個月時仍然是1對兔子，但現在牠們是成兔，可以交配，於是第三個月時有2對兔子：1對成兔，1對幼兔。到第四個月，新生的幼

兔也長大成熟，所以現在有2對成兔，而上個月的那對成兔又生下了另一對幼兔，這樣總共就有3對兔子。照這種完全不符現實的方式（幼兔一個月就會發育成熟，從此每個月都生下1對小兔子）推算下去，就會產生著名的費波納契數列：

	幼兔對數	成兔對數	總對數
第一個月	1	0	1
第二個月	0	1	1
第三個月	1	1	2
第四個月	1	2	3
第五個月	2	3	5
第六個月	3	5	8
第七個月	5	8	13
第八個月	8	13	21
第九個月	13	21	34
第十個月	21	34	55
第十一個月	34	55	89
第十二個月	55	89	144

第十二個月結束時，這些荒誕不經的兔子就從1對繁殖成144對，而且有趣的是，這三欄中（即幼兔的對數、成兔的對數，及所有兔子的總對數）都出現了費波納契數，且每個數都比前一個數晚了一個月。

這件事之所以有趣，是因為這個數列的遞迴性質。每個月的成兔總對數，是前一個月所有兔子（成兔加上幼兔）的總對數，

而每個月的幼兔總對數，是前一個月的成兔對數，於是，每個月的兔子總對數就等於：

　　這個月的兔子總對數

　　＝成兔的對數＋幼兔的對數

　　＝一個月前的兔子總對數＋一個月前的成兔對數

　　＝一個月前的兔子總對數＋兩個月前的兔子總對數

　　因此，數列中的每個數都等於前面兩數的總和。費波納契數列是歐洲人研究的第一個遞迴數列。

　　費波納契數列看似掌握到了增長的某種本質。比起促使費波納契數列誕生的假想兔子，以費波納契數列來說明蜜蜂的族群成長，更貼近於真實。假設蜂窩裡有一隻雌蜂王專門負責產卵，未受精的卵發育成雄蜂，經由雄蜂受精的卵則發育成雌蜂，又叫做**工蜂**，這些雌蜂不產卵，除非餵食蜂王漿，才能發育成會產卵的蜂王，取代原來的蜂王或是自立蜂巢。所以如果我們看一隻雄蜂的家譜，會發現牠有1個母親、2個祖父母、3個曾祖父母、5個曾曾祖父母、8個曾曾曾祖父母等。同樣的，一隻雌蜂會有2個父母、3個祖父母、5個曾祖父母、8個曾曾祖父母等，費波納契數列一一數出了任何一隻蜜蜂的各代祖先數目。

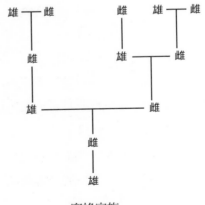

蜜蜂家族

無理真不錯

　　費波納契數有個最為人津津樂道的例子，就是可以在向日葵裡找到這些數。事實上，在許多花的種子頭部和花瓣都找得到費波納契數。花的種子頭部通常含有緊密排列成兩組螺線的種子，一組順時針方向繞，另一組逆時針方向繞。如果沿著螺線從種子頭部外側開始數（或是從種子頭部內側沿著任何一個圓圈去數），順時針及逆時針的螺線數目幾乎都是相鄰的兩個費波納契數。費波納契數不只出現在許多花的種子頭部，也出現在松果、鳳梨及花瓣上，這個奧妙的現象與黃金比 φ 有關。

　　植物生長出新枝葉或種子的方式很高明，譬如種子頭部生長出種子時，是從位於中央的**分生組織**產生，種子按照規律的間隔排列在分生組織周圍，新長出來的種子會把先前長的種子往外側推。如果相鄰種子的間距是**有理數**，也就是 $\frac{1}{2}$、$\frac{1}{3}$、$\frac{3}{5}$ 之類的簡單分數，種子就會漸漸排成一列；假如種子之間相隔半圈，生長出兩個種子之後就會開始排列，每個種子皆與前一個對齊。相隔有理數圈則種子會排成輻射狀，中間留下很大的空間。

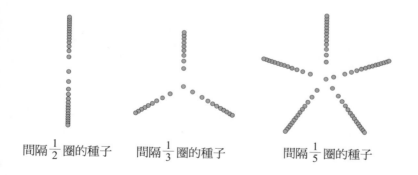

間隔 $\frac{1}{2}$ 圈的種子　　間隔 $\frac{1}{3}$ 圈的種子　　間隔 $\frac{1}{5}$ 圈的種子

　　但在種子頭部用這種方式排列種子，顯然很沒效率。倘若種子之間的間隔是無理數就好多了，因為不管間隔什麼圈數種子都不會出現在同一個角度。這個數「愈無理」，排列得愈密實，而最有效率的種子排列方式就產生自 φ。

　　許多植物已有所覺，因而採用由 φ 決定的角度，最出名的就是向日葵。每個新長的種子都與前一個相差0.618（等於 φ−1）圈。由於費波納契數相鄰兩項的比值趨近於 φ，所以種子頭部邊緣的螺線數目通常是費波納契數。

　　許多植物從莖旁生出葉子，也採用類似的方式，葉子之間會有 φ 圈的間隔。這種排法讓大部分葉子都能接觸到陽光和雨水。花瓣實際上是特化的葉子，所以通常也遵照相同的間距，此外，正如種子頭部邊緣的螺線數目，花瓣的數目往往也是（但有

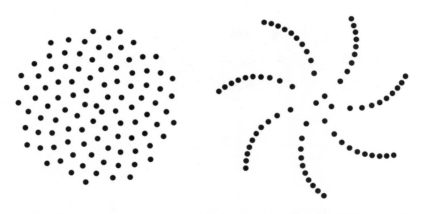

種子之間相隔 φ 圈所產生的種子排列法（左圖），優於間隔 π 圈產生的排法（右圖），因為 φ 不好逼近，而 π 很好逼近。（這是由 Wolfram Demonstration 提供的程式製作而成）

時候不是）費波納契數。基於相同原因，φ 在電波望遠鏡設計上也很重要，因為必須讓望遠鏡以最有效率的方式擷取周圍的無線電波訊號，就像植物需要充分接觸到陽光雨水一樣。

數學真理與數學之美

φ 的特殊性在幾千年前就已經確立；據傳，這個數最早出現在歐幾里得的《幾何原本》中。歐幾里得把 φ 稱為中末比（extreme and mean ration），並將之定義為：

> 把直線按中末比分割，則整條線與長段的比將等於長段與短段的比。

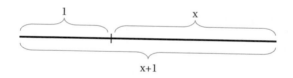

假設短段的長度為 1，長段的長度為 x，根據歐幾里得的定義，就可以寫出等式：

$$\frac{x}{1} = \frac{x+1}{x}$$

等式兩邊同乘 x，兩邊仍相等，所以會得到：

$$x^2 = x + 1$$

透過學校教過的二次公式（詳見第 12 章），可知這個方程式

有兩個解，其中一個是：

$$x = \frac{(1+\sqrt{5})}{2}$$

而後發現這剛好等於 ϕ。另一個解是 $\frac{1-\sqrt{5}}{2}$，恰好等於 $1-\phi$。下面的方程式：

$$\phi^2 = \phi + 1$$

顯示出 ϕ 有個不尋常的數學性質：它似乎是加法與乘法交會之處。也就是 ϕ 自乘的結果等於 ϕ 加上 1。若把等式兩邊同除 ϕ，將得到：

$$\phi = 1 + \frac{1}{\phi}$$

這可以改寫成：

$$\frac{1}{\phi} = \phi - 1$$

也就是說，ϕ 的*乘法反元素** $\frac{1}{\phi}$，居然跟 ϕ 減 1（$\frac{1}{\phi} = \phi - 1$）一樣！從 ϕ 的連分數展開也可觀察到相同結果：

$$\phi = 1 + \cfrac{1}{1 + \cfrac{1}{1 + \cfrac{1}{1 + \cfrac{1}{1 + \cfrac{1}{1 + \cfrac{1}{1 + \cfrac{1}{1 + \cdots}}}}}}}$$

---

* 數字 n 與其倒數相乘等於 1，此倒數即為乘法反元素，也就是 $\frac{1}{n}$。

所以：

$$\phi - 1 = \cfrac{1}{1 + \cfrac{1}{1 + \cfrac{1}{1 + \cfrac{1}{1 + \cfrac{1}{1 + \dots}}}}} = \frac{1}{\phi}$$

大自然中的 φ 多半具有這些數學性質。

這些奇特的性質讓許多數學家深深著迷，盧卡・帕喬利（Luca Pacioli）在他的同名著作裡申明 φ 是「神聖比例」，而為這本書畫插圖的正是達文西。直至今日仍有很多人相信，φ 藏著美的奧祕，在藝術與建築中可以一再看到這個數的蹤影，譬如長寬比為黃金比例 φ 的矩形。不過，雖然有心理學研究聲稱人類覺得這個比例最具美感，但事實上幾乎沒有證據顯示藝術家（包括達文西）把這個比例用在自己的作品中。

黃金螺線

φ 還有一個好玩的特性值得一提。首先，並排畫出兩個邊長為 1 的正方形，而在這兩個正方形的上方，剛好可以再畫個邊長為 2 的正方形，然後在左邊可以畫一個邊長為 3 的正方形，下方則可畫個邊長為 5 的正方形，如此不斷畫下去。這叫做費波納契鑲嵌（Fibonacci tiling），因為每個正方形的邊長都是費波納契數列中的相繼項。

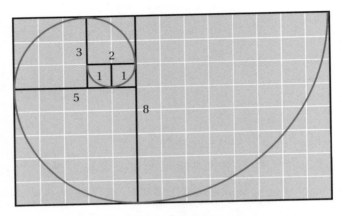

費波納契鑲嵌

　　接著在正方形內畫一條對角的弧線,將這條弧線逐一依序畫過各個正方形,可以畫出一條螺線,看上去很像大自然中存在的螺線,譬如鸚鵡螺殼上的生長紋。後來發現,這條螺線與黃金螺線近似,它的增長率與 φ 有密切關係。我們在後面的章節還會談到另一個基本的數學常數 e,到時你會更進一步認識這種螺線,但接下來,我們要先認識一下(就某種意義來說)第一個真正有趣的整數。

2 網路隱私誰保護？質數大軍！

在自然數中，2是第一個超過最低限度的數。正如在第1章說過的，我們可以把自然數想像成串在繩上的珠子，一顆珠子代表1，一顆代表2，一顆代表3，以此類推到無限大；但這樣實在無趣。如果你用不一樣的方法串珠子，譬如從2開始，就會出現比較複雜玄妙的結構。

先用一顆珠子代表2，接著串一顆代表4，然後是代表6，以此類推。最後，你會串出一條全由偶數組成的項鍊。數字3不包含在這條項鍊上，所以你再串一條新的，先串一顆代表3的珠子，接著是代表6，然後是代表9，如此串下去，直到串完3的所有倍數為止。這兩條項鍊有一些共同的珠子，即6、12、18及2×3＝6的其他倍數，所以會纏繞在一起。不在這兩條項鍊上的下一個數字是5，可以此串出第三條項鍊，項鍊上包含5及它的所有倍數，這條項鍊會在10＝2×5的倍數與2的項鍊纏繞，在15＝3×5的倍數與3的項鍊纏繞，而在30＝2×3×5的倍數，同時

與這兩條項鍊纏繞在一起。

如此一來會產生一張優雅的自然數網。在各條項鍊最開頭的那些珠子就是質數；這些數除了自身與1之外沒有別的因數。數字2之所以特別，不僅因為它是第一個質數，還因為它是唯一的偶質數。此條項鍊上的其他珠子則都在網子內，都是質數的乘積。

這張網子正是年代最久、最基本的數學結果之一，有個恰如其分的稱呼，叫做算術基本定理（Fundamental Theorem of Arithmetic）：每個大於1的整數若不是質數，就是質數的乘積。西元前300年左右，歐幾里得在他的經典之作《幾何原本》中證明了這個定理。此定理還說，乘積裡的質數沒別的選擇。舉例來說，乘出20的唯一方法就是把兩個2與一個5相乘。每個自然數都是唯一一組質數的乘積。

因此質數成為算術的基本單元。就像分子是由週期表元素的唯一組合構成，自然數也是唯一的質數乘積所構成。

數字安全

幾千年來數學家一直在思量、讚歎這些算術基本單元，然而這些數的威力遠遠超出了大家的推想。例如當你使用網際網路時，質數會保障你的財產安全及隱私。

質數的祕密武器就是，質數相乘很容易，但因數分解卻很難。要找出大數的質因數，需要強大的運算能力。迄今為止最難分解的數，稱為RSA-768，這個數有232位，是兩個116位的質

數的乘積。分解RSA-768總共花了上百部電腦兩年的時間，只用一部電腦的話，可能需要將近兩千年。

RSA-768＝12301866845301177551304949583849627207728535695953347921973224521517264005072636575187452021997864693899564749427740638459251925573263034537315482685079170261221429134616704292143116022212404792747377940806653514195974598569021434 13

＝

33478071698956898786044169848212690817704794983713768568912431388982883793878002287614711652531743087737814467999489

×

367460436667995904282446337996279526322791581643430876426760322838157396665112792333734171433968102700927987363089 17

　　由於分解某些大數（特別是兩個大質數的乘積）很困難，所以可以把質數變成數學「掛鎖」。假設有一種利用大數N加密訊息的方法，需要知道N的質因數才能解密。而你要傳送某個須加密的訊息給我，譬如你的銀行帳戶，我就先找兩個大質數相乘，做為數字N；這相當容易。然後我把數字N公開傳送給你。N就像個已打開的掛鎖，無論誰都能把它鎖上，但需要鑰匙才打得開。接著你用數字N把訊息加密，上鎖，對我而言解密輕而易舉，因為我已經知道N的因數（也就是掛鎖的鑰匙），然而其他

人就得投入大把時間分解 N，才能破解密碼。這個概念正是 RSA 公鑰密碼系統的基礎，這種密碼系統已經受到廣泛採用，可保護個人的信用卡資料與密碼。

究極的複雜度

要破解 RSA 系統，有兩種顯而易見的方法。其中一種是打造出更快的電腦，不過加密人員只要採用更大的質數，很容易就能反制（除非你發明出量子電腦）。另外一種可能更具破壞力：找個又快又新的因數分解方法，速度快到可以把全世界的銀行資料都手到擒來。

這樣的方法是否存在，與數學上數一數二的待解難題有關。因數分解屬於 NP 類的數學問題。NP 問題有容易檢驗的答案，意思是電腦可以在合理的時間內驗證答案是否正確（電腦科學家很清楚他們所說的「合理」是指什麼），因數分解屬於 NP 問題，因為只要找到質因數，就很容易檢查因數相乘的結果是否能得出原數。在 NP 類的問題中，有一些也能在合理的時間內解答；這些問題稱為 P 類。數學家仍不知道包括因數分解在內的其他 NP 問題是否也有快速的解法，或者 P 類是否就等於 NP 類。這個問題稱為「P=NP 問題」，在 1971 年提出，至今還沒有人找到答案。

克雷數學研究所（Clay Mathematics Institute）體認到 P=NP 問題的難度，在 2000 年把這個問題列入了七大「千禧年大獎難題」，提供一百萬美元獎金給能夠證明它為真或為假的人。雖然不是人人同意，但大多數數學家似乎認為 P 不等於 NP，這表示

NP問題真的非常難，而且只要有源源不絕、愈來愈大的質數可以製鎖，數學掛鎖將會很安全。

質數謎題

幸虧有歐幾里得《幾何原本》中的另一個結果，確保我們有源源不絕的大質數可用，這個結果就是：質數有無窮多個。他證明的方法（見下方專欄）簡單確鑿，不過並沒有指出無窮多個質數是哪些。歐幾里得的結果正說明了數學上經常遭遇的狀況：就算你可以證明某物存在（譬如質數有無窮多個），你的證明也不見得能描述這些物件；這是一種非建構性（non-constructive）的證明。

質數無窮無盡

歐幾里得對於質數無窮多的證明，非常簡單優雅。先想像質數有限，並分別標上 p_1 到 p_k。接著思考 $E = (p_1 \times p_2 \times ... \times p_k) + 1$。歐幾里得的算術基本定理說明了 E 是唯一的質數乘積，但 p_1 到 p_k 中的任何質數都不能整除 E（因為加上了1），所以 E 若不是質數，就一定有另一個質數 $p_{(k+1)}$ 能整除 E，而這個質數沒有包含在原來的質數集合中。不管對哪個有限的質數集合來說，同樣的論證都成立，也就是這樣的集合永遠沒辦法建構出所有的自然數。因此，質數有無窮多個。就是這樣，你是個希臘數學家！

　　這也許沒什麼好意外的，假如你想一一寫出質數，證明有無窮多個，不就需要花無窮盡的時間嗎？但也不盡然。如果你要我寫出所有的偶數，雖然也是無窮多個，但我只要說：偶數是形式為 $2n$ 的數，其中 n 是自然數，所以你能輕易算出第 100 個偶數是 $2 \times 100 = 200$。

　　質數似乎沒有類似的描述。看看頭幾個質數，實在看不出有什麼可描述這幾個數的規則。數學家很快就發現，兩個質數之間的間隔並不相等：

2, 3, 5, 7, 11, 13, 17, 19, 23, 29, 31, 37, 41, 43, 47, 53, 59, 61, 67, 71, 73, 79, 83, 89, 97

　　沿著數線繼續往前看，質數看似愈來愈稀疏，但在某些區段又好像比其他區段密集。舉例來說，在一千萬之前的 100 個數中有 9 個質數，但在一千萬之後的 100 個數中只有 2 個質數。

　　幾百年來數學家一直努力尋找質數中的模式，也有了大快人心的結果。例如，質數偶爾會成對出現，兩質數只相差 2，像是 3 與 5、5 與 7、11 與 13、29 與 31。100 以內的 25 個質數中，可以找到 8 組像這樣的質數對。已知最大的質數對是 $3,756,801,695,685 \times 2^{666,669} - 1$ 與 $3,756,801,695,685 \times 2^{666,669} + 1$，在 2011 年發現，兩個數都是 200,700 位數。

　　數學家認為，這種質數對有無窮多組，稱為孿生質數猜想（Twin Prime Conjecture），至今超過一百五十年一直沒有人能證明。這也說明了數論中的常見現象：假設很容易，也容易陳述，但不表示容易證明。

　　1740年代有個特別著名的例子，出現在德國數學家克里斯欽・哥德巴赫（Christian Goldbach）和大數學家雷翁哈德・歐拉（Leonhard Euler，下一章還會提到他）的通信內容中。哥德巴赫推測，每個大於2的偶數，都可以表示成兩個質數的總和。這對前面幾個偶數而言是對的：$4=2+2$，$6=3+3$，$8=5+3$，$10=5+5=7+3$。電腦已經檢驗到4×10^{17}為止，都是對的，但仍欠缺一般性的證明。

　　哥德巴赫猜想在數學圈外也很出名，經常出現在電影、小說和電視節目中，用來彰顯故事中聲稱破解它的人物天資聰穎。

質數模式

　　學生質數猜想與哥德巴赫猜想雖然讓人窺見質數的本質，卻不能清楚說出有哪些質數，這或許是因為質數並沒有真正的模式，基本上是隨機散在數線上的。

　　若要把這件事弄清楚，問題並不在於哪些數是質數，而是類似前N個數當中有多少個質數。18世紀末，有個14歲的德國少年曾思索這個問題，得出的結果影響深遠，他的名字叫做卡爾・弗里德利希・高斯（Carl Friedrich Gauss）。高斯在他的對數表上，潦草地寫著：小於N的質數個數是$\frac{N}{\ln(N)}$。其中的$\ln(N)$稱為N的自然對數（第e章會再進一步解釋）。這當然是估計值。而且以前100個數計算，這個估計值是$\frac{100}{\ln(100)}=21.7$，並不是整數，但正確答案必須是整數，而且它也偏離實際值；小於100的質數有25個。高斯後來做了修正，他還認為，N愈大，百分誤

差就愈小。1896年，比利時的查爾斯・德拉瓦萊普桑（Charles de la Vallée-Poussin）與法國人賈克・阿達馬（Jacques Hadamard）不約而同地證明了高斯是對的。高斯也理所當然由於早年的貢獻，成為史上數一數二的大數學家。

德拉瓦萊普桑與阿達馬證實的是質數定理（Prime Number Theorem），由這個定理得出的結果之一，對於沿數線撿拾質數的疲累旅人來說是個壞消息：質數之間有大大小小的任意間隔。你隨便提出一個數，我就保證能找到兩個相鄰質數，兩者之間的差距大於你給的那個數。

不過，質數真正的奧祕卻藏在有史以來最難的一道數學難題裡：懸宕一百五十年之久的黎曼假設。

悅耳的質數

1859年是科學史上豐收的一年，除了有達爾文的《物種原始》（*The Origin of Species*）出版，33歲的伯恩哈德・黎曼（Bernhard Riemann）寫的一篇數論論文也在這年發表。高斯對於小於 N（給定數）的質數個數估計值，就只是個估計值，問題是這個猜測值與實際值的差距。

身兼數學家、音樂家的馬可斯・杜索托伊（Marcus du Sautoy）把黎曼深刻的數學見解，藉由音樂語言講述出來，這也是數學家最喜歡的描述方式。假如你用小提琴拉出一個音，比方說 A（也就是 la），聽起來會跟音叉發出來的音非常不一樣，原因是小提琴發出的音並非純音，還有其他頻率的聲音，稱為泛音（或諧

波）。如果畫出音叉發出 A 音的聲波圖，波形會相當規則，然而小提琴發出 A 音的聲波圖，形狀卻複雜得多。要從規則波變成小提琴的波形，必須加上代表泛音的波。事實上，任何一種聲音或噪音產生的形狀都可以由規則波構成（詳見第 τ 章）。

把小於 N 的質數個數，記為 $\pi(N)$，想像成小提琴發出的聲音。我們不曉得 N 裡的 $\pi(N)$ 是多少，但我們仍然可以畫出 $\pi(N)$ 與 N 的關係圖。由於小於 N 的質數個數只能是整數（不可能有 34.6 個質數），因此這個圖看起來會像不平均的階梯，在遇到下一個質數前維持不變，每遇到一個質數才上升一階。

不過，高斯的 $\pi(N)$ 估計值所畫的圖形卻是平滑曲線，表示這個估計值並不準確。這就像音叉發出來的音，如果你知道質數分布的「諧波」，就能把諧波加到估計值的圖形中，正如小提琴的音，做出 $\pi(N)$ 的實際形狀。

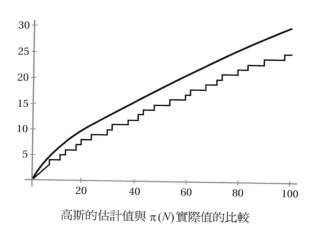

高斯的估計值與 $\pi(N)$ 實際值的比較

　　黎曼的洞見是，這些諧波被某個數學怪獸加密過，此怪獸如今稱為黎曼 ζ 函數（zeta function）。不像高斯的 $\pi(N)$ 估計值畫出來的圖形是一維的曲線，黎曼 ζ 函數可以用來描述二維的地貌，像一座數學山脈（用專門術語來說，黎曼 ζ 函數是把複數映到複數。第 i 章會介紹複數）。

　　黎曼發現，這座山脈恰好位於海平面的那些點，決定了質數的分布。這些點可以用來製造從估計值變成實際函數 $\pi(N)$ 所需的諧波。這些在海平面上的點有無窮多個，要去哪裡找呢？如果是高低起伏的山脈，隨便哪個地方都有可能，但黎曼在畫了幾個例子之後，看出一個驚人的模式。海平面上的點（至少是那些引人入勝的點）好像全都落在一條南北走向的直線上，這些點的東西向坐標都完全相同。這表示質數分布的諧波是完全平衡的，沒有任何一個能掌控質數之「聲」，這也解釋了為什麼質數的分布看不出任何模式。

　　黎曼無法證明所有的海平面點（專門術語是非平凡零點）都落在這條神奇的南北直線上，但他猜測應該是如此。這個猜想後來稱為黎曼假設（Riemann Hypothesis）。目前已經檢驗了十兆個非平凡零點，結果都是對的，但對數學家來說這還不夠，只有完整的證明才算數。

　　黎曼假設是數學史上最重要、最難解的未解問題之一，有些人認為它是最重要、最難解的問題。1920 年代，英國數學家哈代（G.H. Hardy）在即將踏上一段充滿危險的海上旅程前，寄了一張短箋給朋友，說自己證明了這個假設。哈代心想，這樣上帝就不會讓他死在旅途中了。

　　不管是誰成功解決了黎曼假設，都一定能名垂不朽。1900年，數學家大衛・希爾伯特（David Hilbert）為20世紀的數學研究方向，提出了著名的23個問題，黎曼假設就名列其中。一百年後，克雷數學研究所在2000年又把這個仍待破解的假設列入七大「千禧年大獎難題」。

　　黎曼在提出這個著名假設的七年後，因結核病早逝，得年39歲。效率過高的管家把黎曼的許多數學筆記都銷毀了，這當中有沒有這個假設的證明，我們永遠不會知道了。

質數與量子混沌

　　自從1859年黎曼提出這個假設，許多數學家用盡方法想要證明。有個比較不明確的切入角度，是希爾伯特（提出23個問題的那一位）與喬治・波利亞（George Polya）兩位數學家提出的，兩人不約而同地猜測，也許有物理上的理由可以解釋黎曼假設可能為真。這個猜想（現在稱為希爾伯特—波利亞猜想）雖然從未發表，大家仍認為是最有希望證明黎曼假設的方法。

　　波利亞在1982年寫給數學家安德魯・歐德利茲科（Andrew Odlyzko）的一封信裡，解釋了自己為何有此推測。1914年，他待在德國，跟艾德蒙・蘭道（Edmund Landau）一起工作，蘭道這位數學家在質數方面有很大的貢獻。某天，蘭道問波利亞：「你懂一點物理，你知道任何物理方法能證明黎曼假設成立嗎？」波利亞回答，若黎曼ζ函數與某個物理系統相關，譬如以函數零點為振動頻率的振動系統，則某些物理限制就會與黎曼假設等

價*，那麼黎曼假設就必須成立。

　　但那是怎樣的物理系統？不妨往最小的物理尺度想像，也就是*量子系統*。這些系統牽涉到電子、光子及其他組成宇宙的基本粒子。就像黎曼 ζ 函數的非平凡零點，存在於量子系統中的能階†，都可以用二維平面上的點來標示（這些是複數平面上的點的坐標，第 i 章將會介紹）。倘若數學家或物理學家能夠以合理的方式建立量子系統中的能階與黎曼 ζ 函數非平凡零點的關聯，就證明了所有的零點都位在黎曼那條神奇直線上。

　　1980 年代，數學家找到了這樣的關聯。利用牛頓物理學來觀察，量子系統是混沌的。混沌系統（譬如天氣）對於微小變化非常敏感，第 $\sqrt{2}$ 章提過的蝴蝶效應，就是描述這種系統。混沌系統中的事物行為，比方天氣系統中的雲，是極難預測的，只要有微小的變動就會導致截然不同的結果。但有些時候，事物會陷入反覆循環。數學家證明，從量子力學的角度來看，這種大規模的循環與量子系統的能階有關，兩者間的關聯公式十分類似黎曼 ζ 函數跟質數之間的關聯公式。黎曼 ζ 函數的非平凡零點就像量子系統能階，而質數很像週期循環。

　　這個關聯性對數論及物理學都有很深的影響。早在 1918 年，哈代（海上旅行的那位）跟他的同事李特伍德（J.E. Littlewood）就試圖弄清楚，非平凡零點沿著那條神奇直線移動時，黎曼 ζ 函

---

* 在數學上，等價代表某兩個命題（或敘述或定義）具備相等的概念。只要其中一個成立，另一個也成立。

† 電子只能在特定的、分立的軌道上運動，各個軌道上的電子具有分立的能量，這些能量值即為能階。

數產生的地貌會如何變化，也就是黎曼 ζ 函數的值會怎麼變？他們試著利用動差（moment）母函數*，度量黎曼 ζ 函數的變異性。

1918年，他們計算出一階動差（相當於函數值的平均數），八年後又算出了二階動差。接著就停滯不前，直到1990年代，才終於算出三階與四階動差，形成了這個數列：1、2、42、24、024。但數學家到這裡就卡住了，他們用任何方法都算不出後續的數，黎曼 ζ 函數沿著神奇直線移動，就此停留在陰影中。

跳出來解圍的，是黎曼 ζ 函數與量子混沌系統的關聯。物理學家把描述量子混沌系統所用的數學方法應用在黎曼 ζ 函數上，結果導出一個算式，不僅能算出五階動差，還能算出描述函數值在臨界線上分布的每個動差。這個算式與已經找出的動差一致，又為黎曼 ζ 函數提供了新的解釋，替數學家增強了可用來證明黎曼假設的火力。

可以肯定的是，要解開黎曼假設及其他與質數有關的謎團，必須借助數學家的全部火力，從理論物理到代數與幾何，微積分當然也用得著，但這就要看 e 這個數的具體展現了。e 是數學史上最美的數字之一。

---

* 動差生成函數可以做為一個隨機變數的「指紋」，意思是如果兩個隨機變數 X、Y 的動差生成函數 E（etX）、E（etY）相同，則這兩個隨機變數必然相同。

e 自然啦！

　　Google 公司在 2004 年上市時，以 2,718,281,828 美元為集資目標，這項決定看起來非常怪，為什麼要選這個古怪的金額？眾所周知，Google 向來讚揚賴以起家的數學、科學及技術，這個財務目標正是藉機要讓大眾認識一個很特殊的數字：他們打算籌措 *e* 個十億美元，小數點以下四捨五入。

　　e 是數學史上最重要的數之一，就普遍性而言大概只有 π 能勝過它，但論起知名度，*e* 遠遠比不上其他幾個數學常數，原因可能是它不容易定義。*e* 的難以定義也說明了它無所不在：數學家將計算推向極限時，*e* 往往就會冒出來。某個複雜的數學演算過程一旦出現 *e*，事情就好辦多了。

e 代表利息

　　第一個注意到 *e* 的數學家，是 17 世紀的瑞士數學家雅各‧白努利（Jacob Bernoulli），他來自一個顯赫的數學家族，這個家族

三代當中就出了八位優秀的數學家。白努利對很多事物感興趣，無窮數列是其中之一。有個例子，不管在今日還是白努利的時代都與無窮數列有關，那就是：複利。

假設你把100,000英鎊存入銀行，年利率是4%，兩年後會有多少錢？你可能認為兩年後的利息是100,000英鎊的8%，等於8,000英鎊，所以總額是108,000英鎊。那你就錯了，身為存款人這是個好消息，但如果你是借款人，就是壞消息。正確數字是，一年後的利息是100,000英鎊的4%，即4,000英鎊，因此一年後的本利和是104,000英鎊，第二年的利息是104,000英鎊的4%，也就是4,160英鎊，所以兩年後本利和變成104,000＋4,160＝108,160。

累計過程似乎有點曲折，然而你可以用相當簡單的算式來計算。一年後你的銀行存款將有：

$$£100,000+0.04×£100,000=£100,000×(1+0.04)$$

第一年的本利和於第二年產生的利息是：

$$(£100,000×[1+0.04])×0.04$$

把這個利息加進你第一年累積的存款，即£100,000×(1+0.04)，就會得到第二年的存款總額：

$$£100,000×(1+0.04)+(£100,000×[1+0.04])×0.04$$

也就是：

$$£100,000 \times (1+0.04) \times (1+0.04) = £100,000 \times (1+0.04)^2$$

反覆進行類似的計算，就能得出第三年的存款：

$$£100,000 \times (1+0.04)^3$$

第四年的存款：

$$£100,000 \times (1+0.04)^4$$

看到這裡你大概能猜到 n 年後將有：

$$£100,000 \times (1+0.04)^n$$

你沒猜錯。而且這個算式甚至可以寫成公式。以 P 代表一開始存入的金額，r 代表利率（r 為小數形式，而不是百分比，例如利率 2% 就是 $r=0.02$），那麼 n 年後你的存款將有：

$$P \times (1+r)^n$$

繼續複利下去

到目前為止還算容易理解，不過在現實生活中，許多銀行並不是每年加一次利息，而是加很多次，比方說一季或每月一次。這對計算公式有何影響？我們仿照白努利的例子，用稍微好算一些的數字推導一遍。假設利率是 100%（這當然不符合現實）而你存了 1 英鎊，每年複利四次，代表銀行每年會分四次計算利息，每次利率 25%。按照前面的推論方式，第一筆金額是 1 英

鎊，就表示一年後你的存款會有：

$$£1 \times \left(1 + \frac{1}{4}\right)^4 = £2.44140625$$

假設銀行是每月複利一次，年底時的存款金額就有：

$$£1 \times \left(1 + \frac{1}{12}\right)^{12} = £2.613035281$$

每天複利一次的話，則是：

$$£1 \times \left(1 + \frac{1}{365}\right)^{365} = £2.714567455$$

而每小時複利一次就會有：

$$£1 \times \left(1 + \frac{1}{365 \times 24}\right)^{(365 \times 24)} = £2.718120712$$

複利的次數愈多，你在一年內賺的利息就愈多，但第一年的本利和似乎永遠不會超過2.72英鎊。白努利在1690年發表的一篇論文中證明，複利次數愈多（當 n 愈來愈大），一年後賺得的金額，即 $\left(1 + \frac{1}{n}\right)^n$ 英鎊，將任意接近卻又永遠不會超過一個特定的數，這個數就是所謂的 e。雖然白努利只能算出這個數的近似值介於2跟3之間，但他是第一位體認到 e 的特殊性的數學家：e 是 $\left(1 + \frac{1}{n}\right)^n$ 在 n 趨近無限大時的極限。

一旦認識了 e，事情就好辦多了。假設第一筆存款是 P 英鎊，利率為 r（r 介於0到1之間，0代表0%，1代表100%），複利次數愈多，第一年的本利和就會任意接近 Pe^r 英鎊。

甚至可以說，如果銀行每時每刻連續複利，你就會剛好賺得這筆金額。

不過，為什麼有人想要這麼做？

假設你一開始存 10 萬英鎊，利率 4%，每月計息一次，一年後你把錢轉存到另一家銀行，以 5% 的利率、每季複利一次。這麼一來，兩年後你就會有：

$$£100,000 \times \left(1 + \frac{0.04}{12}\right)^{12} \times \left(1 + \frac{0.05}{4}\right)^{4}$$

這個算式實在有點難消化。尤其當你不斷把投資（或貸款）資金移轉來移轉去，更是雪上加霜，每多一個條件不同的投資或貸款期，就得加入另一個括號。這個算式沒辦法簡化；即使用去括號法則計算，也會出現這樣的項目：

$$\left(\frac{0.04}{12}\right)^{12} \times \left(\frac{0.05}{4}\right)^{4}$$

這不可能再簡化，因為乘冪或指數的各種運算法則都沒告訴我們，要怎麼把一個數的某次方乘上另一個數的某次方（想複習一下指數的運算法則，可參考下方的專欄）。

指數運算法則

為了探討指數的運算，我們暫時把 e 擱在一邊，來看看沒那麼讓人害怕的數字 2。

把 2 取 a 次方，a 為自然數，意思是指 2 要自乘 a 次。譬如 $a=3$，就可以寫成：

$$2^3 = 2 \times 2 \times 2 = 8$$

　　由此可以推演出幾個容易理解的指數法則。舉例來說，2^a 乘上 2^b 是指 2 要自乘 $a+b$ 次，所以

$$2^a \times 2^b = 2^{(a+b)}$$

　　再假設 a 大於 b，然後以 2^a 除以 2^b。由於 a 大於 b，所以能消掉這個分式分母中所有的 2，2 自乘的次數即剩下 $a-b$ 個：

$$\frac{2^a}{2^b} = 2^{(a-b)}$$

　　那如果是取 2^a 的 b 次方呢？那就是 2^a 自乘 b 次：

$$(2^a)^b = 2^{(a \times b)}$$

　　而 2 的分數次方又該如何理解，譬如 $\frac{1}{2}$ 次方？按照上述的法則，結果應該是：

$$2^{\frac{1}{2}} \times 2^{\frac{1}{2}} = 2^{\left(\frac{1}{2}+\frac{1}{2}\right)} = 2^1 = 2$$

　　因此，$2^{\frac{1}{2}}$ 應該是自乘之後得出 2 的那個數。也就是上一章介紹過的：

$$2^{\frac{1}{2}} = \sqrt{2}$$

　　同樣的，$2^{\frac{1}{3}}$ 就是自乘三次後會得到 2 的那個數，也就是 2 的立方根，$2^{\frac{1}{4}}$ 是自乘四次會得到 2 的那個數，即 2 的四次方根；總括來說，$2^{\frac{1}{n}}$ 就是自乘 n 次會得到 2 的那個數，即

2的 n 次方根。

取2的分數次方時，如果遇到分子不為1的分數，好比 $2^{\frac{2}{3}}$，你只需改成：

$$2^{\frac{2}{3}} = 2^{\left(\frac{1}{3} \times 2\right)}$$

依照上述法則，這就等於 $\left(2^{\frac{1}{3}}\right)^2$，也就是2的立方根的平方。套入自然數 a 與 b，則可以寫成：

$$2^{\frac{a}{b}} = \left(2^{\frac{1}{b}}\right)^a$$

而負數次方，像是 2^{-a}，也可由上述法則計算，

$$2^a \times 2^{-a} = 2^{(a-a)} = 2^0 = 1$$

因此 2^{-a} 應該是乘上 2^a 後得到1的那個數，換句話說：

$$2^{-a} = \left(\frac{1}{2}\right)^a$$

就這麼簡單！

這不光是對2來說成立；你可以用這個方法計算任何一個數的負數及分數次方，包括剛剛介紹的新朋友 e。

假設兩間銀行利息都是連續複利，那麼第一年存款有：

£100,000 $e^{0.04}$

而你轉到另一家銀行存款一年，就再套用一次公式：

£100,000 $e^{0.04}$ $e^{0.05}$

接著指數法則就派上用場了。你只需把指數部分相加，就會得到：

£100,000 $e^{(0.04+0.05)}$＝£100,000 $e^{0.09}$

這就是兩年後的存款總數。採用連續複利之後，數學變得簡單多了，這也是為什麼金融機構把這種複利方法用於期權（options）、衍生工具（derivatives）等更複雜的金融商品。

e代表歐拉

雖然白努利只能估計出e的近似值介於2跟3之間，但重要的是這個過程背後的思考方式。其中最主要的概念是，一個無窮數列（例如複利次數愈多的存款金額）可以趨近某個極限。數列中的數將愈來愈接近那個極限；事實上，只要數列夠長，就一定會接近此極限。17世紀末白努利對e的定義，是史上第一次把常數定義成無窮數列的極限。

不過，第一位準確估計出e值的，是另一位瑞士數學家，也就是第2章提過的多產數學家歐拉。歐拉在1748年發表了《無窮分析導論》（*Introductio in analysis infinitorum*），書中定義了指數函數，這個函數為每個數x指定e^x值。而e^x就是當以下算式裡的n趨近無限大時的極限：

$$\left(1+\frac{x}{n}\right)^n$$

如果把 $x=1$ 代入這個算式，當 n 趨近無限大時的極限就是：

$$\left(1+\frac{1}{n}\right)^n$$

如前面所述，這恰好等於 e。你可以用計算機驗證，這個定義對任何 x 都適用，尤其 n 愈大時：

$$\left(1+\frac{x}{n}\right)^n$$

計算出的值愈接近 e^x。

然而歐拉注意到另外一件有趣的事，同樣也牽涉到無窮。請思考以下的總和：

$$1+\frac{1}{1}+\frac{1}{2\times1}+\frac{1}{3\times2\times1}+\frac{1}{4\times3\times2\times1}=2.70833\ldots$$

這個算式中有個很容易延續的模式，就是要加的下一項是：

$$\frac{1}{5\times4\times3\times2\times1}$$

然後是：

$$\frac{1}{6\times5\times4\times3\times2\times1}$$

以此類推。像這樣不斷相加，加的項目愈多，得到的總和愈接近某個極限，這個極限正是 e。因此我們可以寫成：

$$e=1+\frac{1}{1}+\frac{1}{2\times1}+\frac{1}{3\times2\times1}+\frac{1}{4\times3\times2\times1}+\ldots$$

如前述，這個公式也能套入任何的數 x，所以這個無窮總和：

$$1 + \frac{x}{1} + \frac{x^2}{2 \times 1} + \frac{x^3}{3 \times 2 \times 1} + \frac{x^4}{4 \times 3 \times 2 \times 1} + \cdots$$

將等於 e^x。

一般相信，歐拉利用 e 的這個表示式（e^x 的 $x = 1$），把 e 的值算到第 23 位小數：

2.71828182845904523536028

歐拉也證明了 e 是無理數，因為它的連分數是無窮的，就像前面章節介紹過的 $\sqrt{2}$ 與 ϕ。此外，他也率先用字母 e 來稱呼這個常數。有人認為歐拉選用 e 是在自我指涉，但更可能是代表 exponential（指數）這個字，或者剛好只是字母表中的前幾個字母已經被歐拉拿來代表其他的值了。

e 代表納皮爾

歐拉在《無窮分析導論》中對於 e 的精采論述，致使許多人把 e 稱為歐拉常數，但如果真要說 e 屬於誰，也許應該是英國貴族兼頗有天分的業餘數學家約翰・納皮爾（John Napier），在納皮爾的著作中 e 首度以迷離的樣貌出現在世人面前。他的研究比第一個注意到 e 的白努利還早了幾十年，他想找出方法簡化非常大的數的計算過程，因為當時蓬勃發展的天文學及航海學往往需要計算大數。

如果可以利用乘冪，把兩個大數相乘就變得容易多了。以一百萬與十億為例，一旦你將一百萬表示成 10^6，十億表示成 10^9，兩數相乘就變得很容易，只要把指數部分相加（請見前面專欄介紹的指數法則）：

$$10^6 \times 10^9 = 10^{6+9} = 10^{15}$$

若要充分運用這個概念，首先必須知道怎麼把一個數表示成另一個數的乘冪，在這個例子裡是表示成 10 的乘冪。這又引導出對數的概念。問題不在於：「10 的 2 次方是什麼數？」

$$10^2 = ?$$

然後得知答案是 100，而是：「10 的幾次方才會得到 100？」

$$10^? = 100$$

答案是 2。2 就是 100 以 10 為底時的對數，因為 10 的 2 次方等於 100。寫成公式的話，對數就是數 x 以 a 為底數時，a 必須自乘多少次才能得出 x：

$$x = a^{\log x}$$

納皮爾在 1614 年發表的論文〈描述對數的奇妙準則〉中，製作了對數表，但稍做了一點變化。納皮爾是基於一個相當令人費解的幾何論證，而以下列的底數建立他的對數表：

$$\left(1 - \frac{1}{10^7}\right)^{10^7}$$

如果你仔細看這個算式，會發現它跟前述的一個算式長得非常像：

$$\left(1+\frac{x}{n}\right)^n$$

只要把 x 換成 -1，把 n 換成 10^7。

由歐拉對 e^x 的極限定義，我們知道這個數非常接近 e^{-1}，而由指數法則，我們知道 e^{-1} 等於 $\frac{1}{e}$。因此，納皮爾在完全沒聽過 e 的情況下，無意間製作出以 $\frac{1}{e}$ 為底的對數表！

今日數學家把以 e 為底的對數（e 須自乘多少次才能得出 x）稱為 x 的自然對數，並記為 $\ln(x)$ 或 $\ln x$：

$$x = e^{\ln x}$$

e 代表無窮小

每當談到 e 這個數，都不可能避開極限的概念，但這個概念的應用會不斷進步。只要是研究事物如何變化，就會談到這個基本概念。

車速就是一例。速率等於距離除以時間。如果你兩小時開了100英里，平均速率就是每小時50英里。當然這只是平均值，一路上的車速很可能或快或慢。假如你遇到紅燈停下來，車速就變為零，而你開上高速公路疾馳，時速就飆到100英里。某個時刻的確切速率，等於距離相對於時間的瞬時變化率。

想抓住這麼短時間的量，可以利用一連串的近似值。假設你

想知道啟程後 60 分鐘的車速，第一個近似值是整趟路程的平均速率。如果計算啟程後 55～65 分鐘之間的平均速率，又會更接近些。更好一點的近似值，是 56～64 分鐘之間的平均速率。如果計算 57～63 分鐘之間的平均速率，得到的結果還會更準確，以此類推。60 分鐘那一刻的精確速率，就是以 60 分鐘為中心，愈縮愈窄，且無窮無盡的時間區間計算出來的平均速率的極限。

　　速率並不是日常生活中唯一關於變化率的實例。加速度是速率相對於單位時間的變化率；成長率是大小或規模相對於時間的變化率；冷卻或加溫是溫度相對於時間的變化率，諸如此類。世界充滿變化，假若這種變化又像前述為連續的，那麼要靠數學來理解它，極限的概念就很重要了。

　　雖然古希臘人在兩千多年前（第 τ 章會多談一些）就掌握到極限的概念，但一直到 17 世紀，相關的數學工具才完整發展成形，也就是現代人熟知的微積分。這主要得感謝兩個人：英國的牛頓（Isaac Newton）和德國的萊布尼茲（Wilhelm Gottfried von Leibniz）。他們都能以無窮小的量來做可靠的計算。無窮小的量是指小到無法測量，但仍然可以進行數學運算。微積分能夠計算變化率及求極限的過程，不只運用在數學上，還包括工程、生物學、天文學甚至統計學等，實際應用範圍真是沒有極限。

　　牛頓和萊布尼茲的氣度就不是那麼沒有極限了。兩人在發明了微積分之後，為了誰先發明微積分展開激烈的爭執，雙方各有支持者。牛頓聲稱自己在 1666 年、23 歲時，就想出了該理論的主要概念，但等到 1687 年才完整發表。萊布尼茲則從 1674 年開始進行，但 1684 年即發表了第一篇微積分的論文。

　　沒有人懷疑是牛頓先發明的，可問題是，萊布尼茲是獨自發展出一套理論，還是說他偶然看到了牛頓的研究，才激發出靈感？有證據顯示他是獨自研究出來的，但也有證據顯示他回頭修改了原稿，篡改上頭的日期，讓他的誠信大打折扣。另一方面，皇家學會在1713年發表了一份調查報告，判決結果有利於牛頓，而策畫者當然是牛頓本人。結果兩人都非光明磊落。如今數學界的共識是，他們兩位獨立發現了微積分，但就某種意義上來說，萊布尼茲獲勝，因為他發明的微積分符號，到今日仍然在使用。

e代表指數

　　微積分也運用了e以及這個數最漂亮的特性之一。函數e^x有自己的曲線，橫軸為x，縱軸為e^x，然後把對應的點畫出來就行了。

　　隨著x愈來愈大，畫出來的曲線也愈來愈陡，這說明了現實生活中經常遇到的現象：指數型增長。e^x增加得有多快？在x點的斜率有多斜？如果要度量一條曲線的斜率，你可以將之在垂直方向上的變化量與水平方向上的變化量做個比較；斜率是一種變化率，可以利用微積分算出來。結果發現，e^x的曲線在x點的斜率恰好是e^x值，也就是說，函數e^x提供了本身的曲線斜率！

　　一如預期，這讓任何涉及指數函數的曲線斜率變得很容易計算。舉例來說，隨著大小等比例變化的變數y（例如前述的連續複利），可以表示成以下形式的函數：

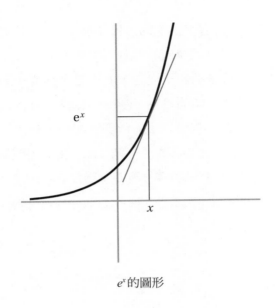

e^x的圖形

$$y=ce^{kx}$$

　　c、k為兩個常數。這條曲線的斜率（y隨x而變的變化率）就是ky。

e代表自然

　　雖然上述特性全都跟數學有關，但e還暗藏了一手。大自然裡處處可見螺旋，鸚鵡螺殼上有螺紋；許多昆蟲沿著螺旋狀的軌跡接近光源；遙遠的星系有螺旋臂。普遍認為e這個數與這些大自然裡的螺旋息息相關，也與第 φ 章介紹過的黃金螺線有關。

　　要理解為什麼有關、有怎樣的關聯，你可以再想一想互相

垂直的兩軸，一是橫軸，一是縱軸。把兩軸的交點記為O，並以這個點為螺線的中心。首先把拇指放在O點上，保持不動，然後以逆時針方向一圈又一圈轉動位於O點右邊的橫軸。再假想有枝鉛筆綁在軸上，一開始是綁在距離O點1公分的地方。隨著這半邊的軸轉動，鉛筆也與O點愈離愈遠，因此畫出一條螺線。鉛筆是以特定的速率往外移，它在任何一刻與O點的距離都剛好等於e^{α}，α是旋轉過的角度，單位是弧度（第τ章會再詳細介紹這種度量角度的方法）。轉動的圈數愈多，角度α及距離e^{α}就會愈大，而畫出的螺線向外增長的速率取決於e。

如果將橫軸以順時針的方向旋轉，也可以畫出向內的螺線。同樣是把鉛筆綁在距離O點1公分的地方，軸線一開始保持水平，接著以順時針方向不斷旋轉，同時將鉛筆向內朝O點移動。它在任何一刻與O點的距離皆是$\frac{1}{e^{\beta}}$，β是旋轉過的角度。隨著β愈來愈大，$\frac{1}{e^{\beta}}$則愈變愈小，於是鉛筆畫出的軌跡將會往O點繞進去，但又永遠不會到達O點。

這種與e有關的螺線，稱為對數螺線，最早發現的人是白努利，這不難猜到，而白努利稱之為「神奇螺線」。這種螺線有幾個令人讚歎的性質，比方說，螺線上任何一點到O點的距離永遠是有限的，儘管螺線繞O點轉了無限多圈。

但最讓白努利著迷的性質，是螺線的自我相似性。你可以把圖形隨意放大或縮小，看到的螺

對數螺線

線都會跟原來的一模一樣，頂多看起來像是旋轉過。

　　後來發現，還有很多螺線也具有這個性質，但每一種螺線的形式都是相同的。螺線上的每一點，皆能與 O 點連成一條直線，這條直線與橫軸之間的角度為 α，而這個點與 O 點的距離為 $ae^{b\alpha}$，其中 a、b 是常數。依照剛才所舉的例子，$a=b=1$，而黃金螺線對應的常數為 $b=2\times\dfrac{\ln(\phi)}{\pi}\approx 0.3$，這些全都是對數螺線，而且一般認為，自然界看到的許多螺旋，都具有對數形式。

　　這種自我相似性讓白努利十分著迷，還打算把對數螺線刻在自己的墓碑上，旁邊再用拉丁文刻上：「縱使世事變化，我依然如故。」只可惜墓碑上刻錯了，刻成每圈之間等距離的阿基米德螺線。可憐的白努利，他八成會在墳墓裡（按照對數螺線）翻來覆去吧。或許他應該選個比較簡單的形狀，譬如忠實可靠的三角形。

3 誰說三角形的三個角加起來永遠是180度？

學校教過的數學法則當中，最簡單巧妙的大概就是「三角形的三個角加起來永遠是180度」。永遠是對的，沒有例外，不管是銳角三角形（三個角都小於90度）或鈍角三角形（其中一個角大於90度）、直角三角形、正三角形（三個邊及三個角都相等）、等腰三角形（有兩個邊及兩個角相等），還是不規則三角形（所有的邊與角都不相等）。

但是（你可能會想坐著聽我接下來要講的事），學校騙了你。三角形的三個角加起來不會永遠是180度，而且證據一直在你眼前。

一般人很自然會用歐氏幾何的角度來思考，這是平面上的幾何學，歐幾里得在西元前300年左右確立的。這個理論之所以說得通，是因為在平面紙張上畫幾何圖形，但實際上，地面只是近乎平面，兩者有很明顯的差異。生活在近似球形的地球表面上，傳統歐氏幾何幾乎無用武之地。

　　「三角形三個內角總和等於180度」這個法則，是歐幾里得第五公設的其中一種說法，第1章曾介紹過這個公設。第五公設的原始說法更複雜些：

> 若有一線段截兩條直線，在同側形成的兩個內角加起來小於兩個直角的話，則兩直線繼續延長，就會在兩內角總和小於兩個直角的那一側相交。

　　以上敘述如左邊的圖所示。兩條直線與第三條相交，形成的兩個交角都小於90度，表示這兩條線在歐氏平面幾何中一定會相交。

　　倘若這兩條直線不相交，就會互相平行。歐幾里得的第五公設表示，如果兩直線與第三條線相交且都成直角，則兩直線平行，因此它也稱為平行公設。稍微費一點工夫，就能證明這個說法等同於「三角形的三個角加起來是180度」，前提是三角形位在平面上。

隆起的圓

　　假設你站在兩條經線之間的一小段赤道上，你眼前的三條線（赤道及兩條經線）都屬於大圓，這些圓弧繞著地球最寬的地方，有最大的半徑（在地球表面上畫不出比這更大的圓了）。大圓也提供了距離最短的路徑。地球上任兩點之間的最短航線，就是這兩點之間的唯一大圓。大圓之於球面幾何，就如直線之於歐

氏平面幾何，大圓是距離最短的路徑，因此也應該遵循同樣的法則。

　　但接下來你會大吃一驚。假如你蹲下來量兩條經線與赤道所成的夾角，會發現兩個角都是直角。可是，這兩條經線就像其他的經線一樣，會在南北兩極交會，彼此不平行。這是人人都熟悉的事物，卻正是平行公設的反例。

　　球面上的三角形，是由大圓的弧構成，它會往外隆起，三個角加起來超過180度，至於超過多少，要看三角形的大小而定。若是小三角形，三個角的總和只比180度大一點點，因為就小區域而言，這塊地面近乎平面。但三角形愈大，比方說連接倫敦（英國）、明斯特（德國）、伯斯（澳洲）三地的三角形，三個角的總和也會隨之增加（見下圖）。

　　球面幾何與歐氏幾何從地圖上看差異特別明顯，畢竟地圖是把球面描繪在平面紙張上。任何一種平面世界地圖，都有某種程度的扭曲（第60章會談到）。最常使用的地圖繪製法叫做麥卡托投影（Mercator projection），製作出來的地圖在赤道附近相當準確，但靠近兩極的區域，距離及大小會過度放大，格陵蘭看上去比非洲大很多，可實際上它的面積差不多是非洲的十四分之一。

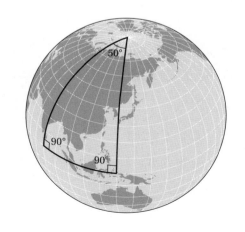

奇怪的新世界

　　一旦習慣了，球面幾何也不算奇怪，你可以在腦中想像，可以畫在紙上，要是都做不到，你至少能把地圖畫在橘子上。不過，有另外一種更古怪的幾何學，稱為**雙曲幾何**（hyperbolic geometry），在這種幾何中，三角形的三個角加起來會小於180度。

　　雙曲幾何是數學家想徹底廢除歐氏第五公設而建立的幾何學。跟其他四個公設比起來，第五公設似乎太複雜了，沒辦法用「任兩點可畫出一條直線」這樣簡單的說法來敘述。數學家的企圖是從其他公設推導出第五公設，也就是證明只要前四個公設成立，第五個也自然而然成立。

　　如同第$\sqrt{2}$章介紹過的歸謬法，這是看似很自然的做法。首先假設有某種很奇特的曲面，其他四個公設都成立，只有歐氏第五公設不成立（譬如三角形的三個角加起來小於180度），然後再證明這種曲面荒謬絕倫，根本不可能存在，就可以了。結果證明這件事，成了數學家熱衷的消遣活動，似乎還把一些人弄得心煩意亂。匈牙利數學老師法卡許·鮑耶（Farkas Bolyai）在寫給兒子亞諾許（Janos）的家書中提到（與歐幾里得的年代相隔了兩千多年）：

> 看在老天的分上，求求你放棄吧。我擔心這不理性的熱情可能會占用你的時間，剝奪你的健康、心靜和人生幸福。

　　但就像許多人一樣，亞諾許·鮑耶堅持不懈。數學家竭盡全力，使建構出的幾個奇特幾何體系完全合理。最後誕生的雙曲幾何，主要歸功於鮑耶、大名鼎鼎的高斯（第2章介紹過）以及尼可萊·羅巴切夫斯基（Nikolai Lobachevsky），他們三位各自獨立發展出這種幾何。

異國蔬菜

　　這種奇特幾何學的曲面，究竟是什麼樣子呢？這很難具象化，但大致可以想像成羽衣甘藍的菜葉，愈往邊緣，皺摺愈多。存活在菜葉上的小蟲子若要從A點爬到B點，必須越過所有的皺摺，而且但願是沿著距離最短的路徑。現在想像把這片甘藍菜葉壓平，希望蟲子沒被壓扁，然後把菜葉弄平整，形成一個圓盤（也許得想像它是黏土做的）。原本菜葉上的最短路徑，在弄平整之後不一定會成一直線，反而有可能是各種曲線。就像是地球表面的最短路徑（大圓），到了平面地圖上會變成曲線，譬如從英國飛到加拿大，最短的航線在平面地圖上看起來會像一條圓弧。

　　雙曲平面可以無限延伸，所以不會像甘藍菜葉，而且它非常多皺摺，如果標準放寬一點，也是能「整平」成一個圓盤。雙曲平面的整平地圖有個優雅的名字，是以法國數學家亨利·龐卡赫（Henri Poincaré）命名。正如甘藍菜葉的例子，這個平坦龐卡赫圓盤上的最短路徑也不是直線，而是與圓盤邊界垂直相交的圓弧線。

　　既然是距離最短的路徑，這些圓弧線就是龐卡赫圓盤的「直線」。雙曲三角形的三條邊，就是由這種圓弧線構成，因此三個角更瘦尖，加總起來不到180度。

　　不過，既然能設法把雙曲平面壓成圓盤，那怎麼能說雙曲平面可以無限延伸呢？若以這種新的方法思考距離，則愈往圓盤邊界，長度與面積就愈大。由於靠近圓盤邊界會產生極大的變形，因此居住在上面的雙曲生物永遠到不了邊界，也就是說，這條邊界在無限遠處。把球面幾何結構畫在平面地圖上，也會遇到同樣的問題；只要是把非歐幾何畫在平面地圖上，不管是雙曲還是球面，永遠都會變形。

　　三維甚至更高維的雙曲幾何也有製作類似的模型，難怪亞諾許・鮑耶在寫給父親的信上驚歎：「我發現的事情實

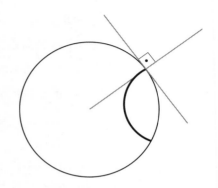

將雙曲平面壓成圓盤，圖中的細黑圓圈就是圓盤邊界。在這種幾何中，與邊界垂直相交的圓弧線即為直線，如圖中的粗黑圓弧線。

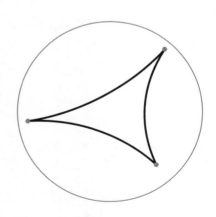

雙曲三角形

在太美妙了，令我驚訝不已……我憑空創造了一個奇怪的新世界。」數十年後科學界才明白，雙曲幾何不僅僅是幻夢，愛因斯坦在1905年發展出來的狹義相對論，正需要雙曲幾何。第4章會再進一步介紹愛因斯坦的相對論。

三角之力

　　然而，不管從哪一種幾何體系來看，三角形都是第一個真正有趣的二維形狀。畢竟單獨一點變不了什麼東西，兩個點定義出一條線段，而三個點即可得出一個三角形。我們會這麼熟悉三角形，是因為處處都有三角形。三角形是最容易做出的形狀，所以憑直覺就能使用三角形，例如把一根木棍斜靠著一棵樹，就是簡易三角形遮棚的雛形。

　　三角形還有一個優點：它是最堅固的形狀。把四根木棍頭尾相接，做出來的結構可以任意調整，不管木棍的長度有多長，都能構成無限多種四邊形。然而，這種形狀光是承受重力就會瓦解，更別說承受額外的重量了。

　　但假如你把三根木棍頭尾相接，就能做出堅固的形狀；三根木棍的長度建構了獨一無二的三角形。四根木棍造出的矩形並不堅固，可若是加上斜對角的交叉支撐架，構成幾個三角形，這個結構就變堅固了。

　　這種簡單又堅固的特性，說明了為什麼三角形結構是人類最早建造出來的結構之一；兩萬多年來澳洲原住民搭建的臨時斜頂小屋，就是一例。即使到了今日，建築物與結構中，三角形仍是

基礎。起重機、橋梁、高壓電塔、支撐架，全仰賴三角形元件提供支撐力。此外，三角形也是打造現代建築美學的重要環節。

建築原子

倫敦聖瑪莉艾克斯30號的造形，現已公認是倫敦天際線的一員；當地人暱稱這棟建築為「小黃瓜」（Gherkin），彎曲的錐狀與周圍建築的直線條形成鮮明對比。它有另一個獨特的弧形鄰居，就是聖保羅大教堂的圓頂，這座大教堂建於三百多年前。不同於聖保羅的圓頂是用弧形磚瓦所蓋，組成「小黃瓜」的每片玻璃幾乎都是平的，只有最頂端蓋住整座建築的那一塊是弧形的。倫敦國王十字車站新屋頂及大英博物館皇家中庭（Royal Courtyard）的三角分割曲線，也是類似的構成。它們的三維造形以數學描述做成電腦模型，可用數學方法分解成三角形網格。

把曲面分割成三角形所用的數學方法各有不同，有個簡單的例子是測地線圓頂，也就是由測地線（geodesic line，即曲面上的「直線」，譬如地球上的大圓）相交構成的三角形所建造。1960年代，建築師巴克敏斯特·富勒（Buckminster Fuller）對這種幾何結構大感興趣，它的力

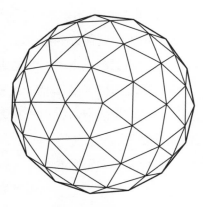

80個面的近似球體

度與效率讓他著迷不已。測地線圓頂近似球形，在同樣的表面積下，能夠圍出最大體積的即是球體，因此測地線圓頂可以讓空間有效利用。不僅如此，測地線圓頂是三角形構成的，所以很堅固。

　　如果要蓋出接近球體或圓頂的構造，至少要用1個二十面體，也就是由20個正三角形面組成的立體。這個二十面體應該可以擺進球體內，而且每個角都剛好碰到球面。不過，沒有人會受騙，以為這是球體，畢竟二十面體的大塊面看起來就像打了馬賽克的圖片。但是我們可以利用更小更多的小正三角形，來提高解析度。首先取20個正三角形每條邊的中點，把這些中點連起來，每個正三角形就分成了4個小三角形。接著把這些中點往外推，直至碰到球面為止，這樣就形成了一個由80個三角形面（不再是正三角形）組成的立體，而且看起來更加圓滑。

　　只要你願意，就可以按照這個步驟繼續把三角形分得更小，一直達到你想要的近似程度為止。

三角形怪物

　　你可以利用類似的步驟，把任何一種曲面分割成許多三角形，以平面三角形網格來做出近似曲面的形狀，不管是真實世界中的建築造形，還是要讓電影觀眾驚聲尖叫的虛擬怪物的獸皮。

　　許多電腦合成影像最初都是3D物體表面的三角形網格。就像前述的建築模型，網格也儲存在電腦中，通常是儲存三角形頂點的三維空間位置以及這些頂點如何組成三角形的描述。接著，

電腦就能根據三角形面與虛擬光源的相對位置，替三角形面加上暗面。電腦會運用線性代數（linear algebra）這項常見數學工具來計算出每個三角形面的**法向量**，也就是垂直於平面、向外指的箭頭，以及法向量與來自光源的光線之間的角度，這個角度決定了暗面的多寡。如果三角形面朝向光源，法向量與光線的夾角接近零度，這塊三角形就幾乎沒有暗面。而隨著夾角愈來愈大，三角形面與光源也愈離愈遠，暗面就愈變愈深。最後製作出整個曲面上的逼真光影變化。

正如像素決定平面影像的解析度，3D模型中的三角形大小及數量將決定逼真的程度。為了節省運算工夫，可以把三角形數量集中在需要較多細節的部位，像是人物的眼睛和臉部特徵周圍，不需要太多細節的地方就少用一些三角形，比方說軀幹的兩側或背部。

這種技術可以製作出栩栩如生的影像，除非局部放大，否則你根本看不出來眼前是三角形構成的圖像。

幾何原子

由於上個世紀發展出來的數學工具，大多數的二維曲面都能做三角分割。提博・拉多（Tibor Radó）本來是匈牙利軍人，第一次世界大戰期間被俄國人俘虜，並開始學數學，教他的人是同為戰俘的數學家艾鐸德・海利（Eduard Helly）。拉多逃離西伯利亞戰俘營之後，成為一位數學家；他在穿越俄國境內的極區時，受到尤皮克族（西伯利亞因紐特人）的幫助。拉多在1925

年證明了，所有的二維曲面都有可能做三角分割。

　　這樣的三角分割透露了不少關於曲面的性質。你也許還記得在數學課上學過正方體、角錐、角柱等立體的頂點數（V）、邊數（E）、面數（F）的關係式：

$$V-E+F=2$$

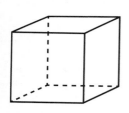 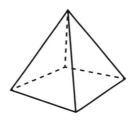 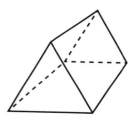

立方體有8個頂點、12條邊、6個面，所以 $V-E+F=8-12+6=2$

角錐有5個頂點、8條邊、5個面，所以 $V-E+F=5-8+5=2$

角柱有6個頂點、9條邊、5個面，所以 $V-E+F=6-9+5=2$

　　這稱為**歐拉的多面體公式**，就是以上一章介紹過的歐拉來命名。不管是角錐、正方體、四面體，或前面看過的測地線圓頂，這個關係式對於多邊形平面構成的所有立體形狀（而且中間沒有穿洞）都成立。如果你想證明，可以把多邊形面分割成三角形，藉由形狀的三角分割來導出結果。

　　拉多證明了任何一種有限曲面都能分割成有限多的三角形，並得出一組頂點數（V）、邊數（E）以及面數（F）的關係式：

$$X=V-E+F$$

這個數字X稱為曲面的歐拉特徵數（Euler characteristic，或譯歐拉示性數）。令人驚訝的是，即使分割成更多三角形，歐拉特徵數仍保持不變。以4個三角形面構成的角錐（也稱為四面體）為例，它有6條邊，4個頂點，所以$V-E+F=4-6+4=2$。接著取其中一面的中心點，並從這個點各連一條線到此面的3個頂點，如此就從原來的1個面變成3個面，總共有6個面，也多了3條邊，所以總邊數變成9，而且多了1個頂點，頂點數變成5。於是歐拉特徵數為：

$$X=V-E+F=5-9+6=2$$

維持不變。

可拉長或壓縮，但不要撕破

正方體、角柱、角錐或上段的變形角錐等立體形狀的歐拉特徵數之所以相等，是因為在某種數學意義上它們是相同的東西。如果你可以在不切割或撕開的前提下，把一個形狀弄彎、拉長或縮小成另一個形狀，則這兩個形狀在拓樸學*上是等價的。到目前為止本章討論過的幾何形狀，全都與球體是拓樸等價的，只不過是把各邊弄平滑，讓各個面往外隆起。凡是透過類似方法變形

---

* 在數學上，拓樸學或譯為位相幾何學，是一門關於拓樸空間（一種數學結構，可以在其上形式化地定義出如收斂、連通、連續等概念）的學科，主要研究拓樸空間內，在連續變化（如拉伸或彎曲，但不包括撕開或黏合）下維持不變的性質。

成球體的，包括癟掉了的足球或是奇形怪狀的馬鈴薯，歐拉特徵數都是2。

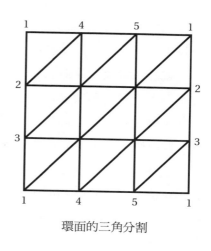

環面的三角分割

　　至於歐拉特徵數不是2的形狀，甜甜圈是一個例子，它在數學上稱為環面（torus）。先把一張紙的兩條對邊接起來，做成圓柱形，再把圓柱弄彎，將兩端接在一起（這兩端是原先那張紙的另外兩條對邊），就能做出環面。因此，只要在平面紙張上畫出三角分割，並指明哪條邊、哪個角相接，就能把環面分割成三角形了。右圖中的三角分割有9個頂點、27條邊及18個面，所以環面的歐拉特徵數算出來是：

$$X = 9 - 27 + 18 = 0$$

　　環面在拓樸學上確實與球體不一樣。要把球體變成甜甜圈，你必須挖一個洞，但拓樸學上不允許這麼做。不過，咖啡杯和甜甜圈在拓樸學上就是一樣的；先在甜甜圈的一側弄出凹痕，然後將凹痕愈弄愈大，直到變成杯狀，然後再把甜甜圈的其餘部分縮成杯柄。此外，將咖啡杯以三角分割計算，得出的歐拉特徵數也是0。

　　這引導出一個有意思的問題：依照歐拉特徵數，能不能將所有的曲面在拓樸空間裡進行分類？不盡然。著名的莫比烏斯

帶就是一例。把長方形紙帶
扭轉半圈，然後把兩端黏起
來，就能做成莫比烏斯帶。
這不只會把紙的兩個面接在
一起，變成只有一個面的形

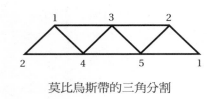

莫比烏斯帶的三角分割

狀，還會使兩條邊相接，讓邊界變成單一的環形圈。

　　上圖的三角分割有5個頂點、10條邊及5個面，歐拉特徵數
算出來是$X=5-10+5=0$，和環面一樣。所以，雖然兩種拓樸等
價的曲面有相同的歐拉特徵數，卻不能保證兩種形狀在拓樸學上
是一樣的。要百分之百確定曲面的拓樸結構，需要更多的資訊，
譬如它是否像莫比烏斯帶只有一個面，或是有裡外兩面，就像環
面一樣。

　　拓樸學是個典型的例子，說明數學家最喜歡做的事情之一，
就是提取事物的本質，而不為次要的細節煩惱。他們喜歡做的另
一件事是推廣（generalize），在幾何與拓樸學上，就是要向更高
的維度挑戰。但這怎麼可能呢？下一章你就知道了。

4 看不見的維度

　　4給人一種安定感。正方形有四個角，一年有四季，4剛好可以分成兩組，而且很巧妙的是，4既是2+2也是2×2。4是個友善、民主的數字。

　　不過，4在某個場合下似乎會把人帶入困境。我們生活在三維世界中，無法想像四維的世界。我們有三個移動方向：左右、前後、上下，如此而已。只要談到四個維度，就會有科幻電影或小說的味道。

　　但其實這一切端看你怎麼解釋維度的意義。一般說空間是三維的，是因為若要定位空間中的一個點，至少需要三個資訊單位：南北方向的距離、東西方向的距離、上下的距離。但有時候三個還不夠。倘若我想約你碰面，我不僅需要告訴你地點，還必須告知時間。如果維度的數目是確認事情所需的資訊單位數，那就表示我們其實居住在四維世界裡，這個世界有三個空間維度及一個時間維度。再假如你是航空管制員，要監控比方說十架飛機，那就等於要負責一個三十一維的空間：每架飛機的位置各需

要三個空間維度，還要有一個時間維度。一旦你不再將維度視為看得見的東西，那隨便哪個數目都有可能。

　　數學家很久以前就發現了這件事，欣然談論四維、五維甚至 n 維空間，n 可以是任意正整數，他們還設法把幾何概念轉移到這些更高維的空間中，儘管沒辦法想像它們會變成什麼形狀。

在平面上做圓

　　先從畫在紙上的一個圓開始吧。在還沒理解什麼才能構成圓之前，想向看不見的人描述圓是十分困難的。你先拿條繩子，繫在直立於地面的竿子上，然後一邊拉緊繩子一邊繞著竿子走一圈，這就是一個圓。繞著竿子走的時候，你與竿子的距離一直沒變，也就是繩子的長度。套用數學術語，所謂的圓，就是指（二維平面上）與給定的一點距離相等的所有點。那個定點就是圓心，而那段距離就是圓的半徑。

　　這個圓所在的平面是二維的，所以需要兩個資訊單位來描述平面上的點。如果要找到一個點在平面上的位置，就先取一個參考點，叫做原點，然後指明橫向及縱向各需移動多遠才能到達那個點。向右水平移動，就以正數來算，向左移動則用負數；同樣的，向上移動用正數表示，下移以負數表示。所以，水平往右走12單位、再往上走4單位，就會走到（12, 4）這個點的位置，而往左走3單位、再往下走15單位，則會走到（-3, -15）這個點。

　　假設有個圓以原點為圓心，半徑是1。這個圓上每個點的坐標是什麼？首先畫出原點與圓上 P 點的連線，然後從 P 點向橫軸

畫一條垂直線，再補一條水平線連到原點，如此就畫出一個以圓半徑為斜邊的直角三角形。這個三角形的水平邊長為x，也是P點的第一個坐標，垂直邊長y是P點的第二個坐標（見下圖）。

由畢氏定理（見第$\sqrt{2}$章）可以得知：

$$x^2+y^2=1$$

對於圓上的任何一個P點，這個關係式都是對的，而不在這個圓上的點，此關係式就不會成立。換句話說，這個圓上每一個點的坐標（x, y）皆滿足上述方程式（第x章將詳細介紹坐標）。同理，下面這個方程式就是半徑為2的圓：

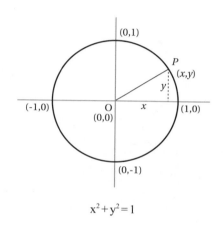

$$x^2+y^2=1$$

$$x^2+y^2=4$$

假設以（12, 4）這個點為圓心、半徑為2的圓就可表示成：

$$(x-12)^2+(y-4)^2=4$$

以點（a, b）為圓心、半徑為r，寫成公式就是：

$$(x-a)^2+(y-b)^2=r^2$$

幾何與代數之間可以完美互補。

在更高維的空間中做圓

再多花點工夫就能證明，這個公式在三維空間中也行得通。球面就是與一個定點等距離的所有點形成的集合體。每個點都有三個坐標（x, y, z），因為多了一個移動的維度，於是，以原點為球心、半徑為1的球面就可表示成：

$$x^2+y^2+z^2=1$$

以點（a, b, c）為球心、半徑為r的球面則是：

$$(x-a)^2+(y-b)^2+(z-c)^2=r^2$$

若繼續推演下去，四維空間也可以由四元數組（x, y, z, w）來定義。在四維空間中，以原點為球心、半徑為1的球面上，各點坐標都會滿足：

$$x^2+y^2+z^2+w^2=1$$

而四維空間中以點（a, b, c, d）為球心、半徑為r的球面就表示成：

$$(x-a)^2+(y-b)^2+(z-c)^2+(w-d)^2=r^2$$

上述這種超球面（hypersphere）很難具象化，畢竟三維空間繞轉四維空間中一點的畫面實在難以想像，不過它是存在的，可以用代數來定義。當然，你還可以繼續定義n維空間中的球面（以及除了球面之外的各種形體），而n是任意自然數。

陷入圈套

這很巧妙，但實事求是的人可能會覺得這太精確了，橘子終究不是正球體，不過基本上還是球狀，癟掉的足球也一樣。數學方程式描繪不出這些物體的表面，但也不會與球形相去太遠。幾何學講求距離與角度的精確度量，而這裡給的限制有點多，所以需要回到前一章介紹過的東西：拓樸學。

前一章提到，三角分割是處理拓樸空間的絕佳方法，但還有別的辦法：利用環圈。假設你在球面或奇形怪狀的橘子或癟掉的足球上畫了一個環圈，並讓環圈通過表面上的一個點。在這三種情況中，都很容易想像要怎麼在不扯斷的前提下，把環圈縮小到一點：只要拉緊就行了。但如果是甜甜圈或咖啡杯（甜甜圈的拓樸雙胞胎），就不適用了，因為繞在洞周圍的環圈沒辦法縮小到一個點。對甜甜圈來說，基本上有兩種環：一種是繞在洞的周圍（與洞平行），另一種是繞經洞（與洞垂直）。或者是這兩種的組合，一會兒這樣繞，一會兒那樣繞。

就像上一章介紹過的歐拉特徵數，不管你把曲面彎曲或拉長，這些環圈的性質仍保持不變（稱為**拓樸不變量**）。舉例來說，假設你有個沒有邊界的緊緻曲面（「沒有邊界」是指在曲面上四處走動也永遠不

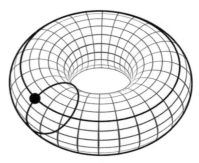

環面上的任何一個環圈，都可以描述成繞著洞或繞經洞的環圈。

會碰到邊緣，而「緊緻」的意思是這個曲面可分割成有限個三角形），而且有裡外兩面（不同於第3章介紹過的莫比烏斯帶），那麼只要這個曲面上所有的環圈能縮小到一點，它與球面就是拓樸等價的。

繼續往高處前進

接著在四維空間做同樣的測試。三維空間中的曲面，譬如球的表面，是二維流形（2-manifold），它雖然像球一般彎曲，但近看時彷彿平面。四維空間中的類似曲面，稱為三維流形（3-manifold）。近看時，這種曲面就像一般常見的普通三維空間。超球面正是三維流形之一。這些三維流形無法具象化，可是藉由二維的類比，能做出以下猜想：

> 凡是沒有邊界、且其上所有的環圈都能縮到一點的緊緻三維
> 流形，都與超球面拓樸等價。

這個猜想最早在1904年由龐卡赫（第$\sqrt{2}$章介紹過）提出，於是就命名為龐卡赫猜想，多年下來，這個猜想變得惡名昭彰，許多數學家想要證明，有些人甚至公開發表了自己的「證明」，不過後來都發現嚴重漏洞，令人有點尷尬。2000年，克雷數學研究所把這個猜想列入「千禧年大獎難題」，提供一百萬美元給能夠提出證明的人。

在龐卡赫提出猜想之後一個世紀，終於有了突破，分別在2002及2003年發表於網路上的一系列論文中。論文的作者

是數學家格利哥里・佩雷曼（Grigory Perelman），他不僅證明了龐卡赫猜想，還證明了推廣的幾何化猜想（geometrization conjecture，1982年數學家威廉・瑟斯頓〔William Thurston〕所提出）。佩雷曼的證明方法經過仔細審查後，發現是對的。他在2006年獲得費爾茲獎（Fields medal），這是數學界的最高榮譽，接著又在2010年榮獲千禧年大獎。

然而佩雷曼的反應讓世人錯愕。他沒有接受費爾茲獎，也拒領百萬獎金，還辭去莫斯科斯捷克洛夫數學研究院（Steklov Institute）的職位，據說搬去與母親同住。據傳他拒絕費爾茲獎的理由是：「這個證明是對的就足夠了，不需要其他錦上添花的表彰。」不出所料，主流媒體立即抓住機會，把特立獨行數學家的陳腔濫調大肆報導了一番。往好處想，複雜的數學結果大概只能靠這種方式登上八卦小報。至於佩雷曼是否繼續做數學研究則無從得知。

那麼超過四維的情形呢？如果四維這麼難處理，更高維的情形想必更棘手吧？沒想到不是這麼回事。這個猜想最常討論的是超過四維空間中的流形，分別在1961年（六維以上的球面）及1982年（五維的球面）獲得證明。四維的情形還真是奇特。

拉長時間

上述一切都是抽象數學，四維在真實世界裡很重要嗎？愛因斯坦在1905年證明它確實很重要，至少對想要了解宇宙運作的物理學家來說很重要。那年愛因斯坦發表了狹義相對論，他假定

光在真空中的行進速率是不變的。不論光源與你的相對運動速度為何，光速看起來都是一樣的。乍聽之下也許違反直覺。可能你剛剛才與另一列跟你等速、行駛方向相同的火車並行了短暫一瞬間，營造出看似靜止不動的世界。在正常情況下，你的速度感確實取決於物體與你的相對運動速度。

但愛因斯坦做了這個不尋常的假定，自有一番道理。1873年，詹姆斯・克拉克・馬克士威（James Clerk Maxwell）發表了電磁理論，他認為光也是電磁輻射，而且他沒說錯。他的方程組預測出，包括光在內的所有電磁輻射，都會以一致的速率行進。馬克士威的理論可信度很高，愛因斯坦決定把理論的預測結果當真，做為相對論的基本理念。

這個理論對於時間有一個特殊的詮釋。假設你和朋友約好，從兩個不同的觀看位置測量時間流逝。你的朋友坐在火車上，你站在月臺上。測量時間的方法很多，但你們決定利用手電筒發出的光脈衝。當火車從你身旁駛過時，你的朋友就垂直朝上發射光脈衝，脈衝傳到火車天花板所需的時間，將等於手電筒與天花板的距離除以光速（速率＝距離／時間，可以改寫成：時間＝距離／速率）。

但麻煩的是，手電筒到天花板的距離在你看來，會比火車上的朋友目測的更長，因為你站在月臺上，還觀察到了火車的水平前進運動，光束看起來是沿著斜對角線運動，而那條斜線比垂直線來得長（見下頁）。

以你看到的較長距離及同樣的光速計算，光脈衝行進的時間比較久。而你朋友在火車上的時鐘，相對於你的時鐘，會顯得比

左圖是你朋友在火車上看到的光行進距離。右圖是你看起來的距離（光脈衝從發出到抵達天花板的這段期間，火車從黑色線的位置移動到灰色線的位置）。

較慢。事實上，你們兩人不同的運動狀態，導致你們處在不同的**慣性參考系**（這是物理學家的用語）。這類實驗測得的值，取決於你所處的慣性系；換句話說，時間是相對的。

　　狹義相對論認為時間不是絕對的，不能把時間與空間中的運動分開考量。愛因斯坦的第二個偉大創見，即廣義相對論，又更進一步提出能使時間扭曲的不只有運動，重力也能做到這件事。地面上的時鐘，走得比位於辦公大樓十樓的時鐘慢，因為愈靠近地球表面，地心引力愈強。這只是個微小的效應，但可以測量出來。所以在描述相對論的數學表述中，時間坐標與空間坐標是緊密纏繞在一起的。要研究物理，就必須考慮四維的時空。

　　其實日常生活中感覺不到這種**時間膨脹**，因為人的運動速度遠遠比不上光速，光速每秒可高達 299,792,458 公尺。不過，智慧型手機與衛星導航就必須考慮到這個效應。許多人日漸倚賴的全球定位系統（GPS）所使用的衛星是以高速運行，相對於地面上的速度大約是每小時 14,000 公里。根據狹義相對論，GPS 衛星以這樣的高速運行時，衛星上的時鐘會比地面上的時鐘走得慢。但根據廣義相對論，時間也受重力影響，所以時鐘距離質量大的

物體愈遠，走得愈快。把這兩個效應都考慮進去，GPS衛星上的時鐘每天會比地面上的時鐘快38微秒。如果GPS衛星上的時鐘不做調整，把這些相對論的效應考慮進去，GPS的計算結果一天內就會偏差超過10公里！

10、11與計數

　　愛因斯坦的相對論成功描述了包含行星、恆星及星系的宇宙運作，因為廣義相對論考量的是重力，重力正是主宰這些龐大物體之間如何交互作用的作用力。但談到非常小的東西、原子及次原子粒子，就必須轉向20世紀的另一件偉大成就：量子力學。跟相對論一樣，量子力學也在20世紀初發端。到1950年代，物理學家克服了重重數學挑戰，發展出關於電磁力的量子力學描述，用來描述光與物質的交互作用。這番努力最後產生的理論稱為粒子物理學的標準模型；這是根據量子力學的見解，來描述基本粒子以及粒子間作用力的一套理論架構。雖然還在發展階段，但目前的實驗結果都符合標準模型的預測。

　　儘管做出了這些成績，物理學家仍不滿意。標準模型並未包括重力，而且它對其他幾種力的描述，也跟愛因斯坦對重力的描述在概念上及數學上都完全不同。於是，接下來要把重力包括進去，以處理其他幾種力的概念和數學來處理重力，也就是把重力量子化。問題是，重力不肯乖乖就範。想把重力量子化的各種嘗試，都得出荒謬的結果，暗示會導致時空撕裂。尋找統一的量子重力理論，仍是21世紀物理學的最大挑戰。

　　然而還是有希望。1980年代物理學家領悟到，透過某個大膽的假設能成功解決重力量子化時遇到的數學及概念問題。他們認為應該把基本粒子想成極微小的弦，而非極微小的點。也就是所有可觀察的物理現象、基本粒子及粒子間的交互作用，都產生自這些微小的弦的振動，就像一首小提琴協奏曲的豐富感受來自振動的琴弦。這個稱為弦論的理論是以數學語言來描述，具說服力又優雅，而且不會產生矛盾。最重要的是，它包含了所有基本作用力的描述，包括重力在內。

　　你大概已經猜到了，在弦論中四維時空不夠用。為了建立出所有可觀察的物理學，微小的弦必須往更多方向振動，超過三個空間維度允許的維數。弦論需要十個維度才行，包含九個空間維度，以及一個時間維度。另外，弦論還有個推廣的版本，叫做M理論，需要十一個維度。

　　在數學上處理這些額外的維度不成問題，但仍舊需要讓這些維度與現實生活相符。為什麼人類看不到？一種說法是，人類被困在一個更高維宇宙中的四維子世界（subworld）裡。不妨想像一群扁平小蟲子永久困在培養皿上，外面的世界有一整個三維空間，可朝上移動，但這些蟲子永遠體驗不到。在牠們的認知裡，世界就是在培養皿上的二維空間，根本不會出去。另一種想法是，額外的維度捲得非常緊，縮得很小，以人類遲鈍的知覺根本察覺不出。回到小蟲的例子，再想像一下，培養皿上的每個點都有額外的移動方向，即第三個維度，但這個方向會繞圈回到原處。而且是非常細小的圓，凡是冒險走進圓圈的小蟲，馬上就會回到起點。或者小蟲比這個圓圈大了很多很多倍，根本不可能看

到圓圈，也就永遠不會知道圓圈的存在。在這兩個例子中，蟲子都不需要演化出察覺第三個維度的能力，知道如何在兩個維度中四處移動就足夠生存了。同樣的道理，可能就是因為人類用不著知道更高的維度，所以沒有演化出這樣的知覺。

　　那人類何時才會曉得這一切是否千真萬確？恐怕還要很久。弦論的基本弦線非常細小，預測長度只有 10^{-34} 公尺，現有的技術都偵測不到，在可預見的未來仍是如此。即使在實驗室裡，短時間內也不可能找出數學以外的方法檢驗；這正是批評者認為弦論只是數學空想的原因。不過，額外的維度還是有希望存在，預測這些維度存在的理論，也預測出某些類型的奇特粒子，這些粒子與已知存在的粒子類似，但質量大得多。至少在理論上，一些粒子加速器有可能偵測到這類粒子，譬如位於歐洲核子研究組織（CERN）的大型強子對撞機。如果真的偵測到了，就可以當作額外維度存在的證據，也就表示4真的只是個入口，它將通往一個比人類所能想像更加怪異的世界。以上敘述若讓你感覺暈頭轉向，那麼你可能會想回到更加實在的東西：室內裝潢。

5 好想用正五邊形瓷磚鋪地板

如果你打算替浴室鋪瓷磚，顏色的選擇相當多，但瓷磚的形狀可就沒那麼多了。在特力屋絕對能找到正方形和長方形的瓷磚，或許還有六邊形，幸運的話可能找得到三角形瓷磚。不過，如果你最喜歡的數字是5，就沒轍了；因為沒有五邊形的瓷磚。

五就是不合

原因很簡單。正五邊形無法鋪滿浴室牆面或任何一種平面，因為正五邊形的每個角都是108度。在正多邊形鑲嵌中，幾塊瓷磚可以剛

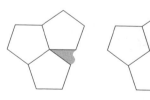

正五邊形的瓷磚

好擺在共同頂點的周圍，因此每個角加起來一定為一圈，也就是360度。如果你把三個正五邊形擺在一個頂點的周圍，只有 $3 \times 108 = 324$ 度，會留下縫隙。假如拿四個正五邊形來擺看看，

就變成 $4 \times 108 = 432$，超過360度，所以會重疊。即使讓正五邊形彼此交疊，角度計算一下很快就會發現行不通。

　　附帶一提，這也解釋了為什麼沒有超過六邊的正多邊形（所有的邊長及內角都相等）瓷磚。如果一個正多邊形（瓷磚的形狀）適合用來鋪滿平面（能夠緊密擺在一起覆蓋平面而不留下空隙），就必定如剛才看到的，內角能整除360。由於一定會有至少三塊瓷磚在頂點相交，所以角度不可能大於 $\frac{360}{3} = 120$，這剛好是正六邊形的內角，可以排出大家熟悉的蜂巢圖樣。但你不妨畫出幾個正多邊形看看，邊數愈多，內角愈大，因此邊數超過六的正多邊形內角會大於120；這就太大了。

　　謹慎起見，你可以用正三角形來排看看，因為正三角形的內角是60度。$360 = 6 \times 60$，在頂點的周圍可以擺六個正三角形。正方形的內角是90度，而 $360 = 4 \times 90$，所以頂點的周圍可以擺四個正方形。正方形鋪起來又比長方形容易得多，因此絕大部分的浴室瓷磚是正方形的。

五角星與怪物

　　難道喜歡數字5的人一絲希望都沒有嗎？正五邊形只是具有五重對稱的許多形狀之一。另一個是五角星，而且還有正十邊形，這兩個形狀在繞中心點轉五分之一圈（72度）後，看起來都跟原來的形狀一模一樣。說不定你可以混合使用具有五重對稱的形狀來鑲嵌瓷磚？

　　你不妨試試看，事實上嘗試的人還不少。許多大數學家，包

括17世紀的天才約翰尼斯·克卜勒（Johannes Kepler，以三大行星運動定律著稱），都嘗試過五重對稱鑲嵌問題，但所有的人都被考倒了。克卜勒在1619年的著作《宇宙的和諧》（*Harmonices Mundi*）中，展示了一個著名的鑲嵌圖案，當中用到五邊形、五角星和十邊形，還有一種他稱為「怪物」的形狀，也就是把兩個十邊形的其中一側黏合起

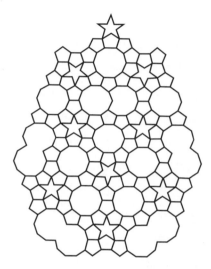

克卜勒的鑲嵌圖案

來所成的形狀，但他不得不承認這破壞了五重對稱性。目前為止還沒有人想出任何鑲嵌法，能夠無限延續五重對稱性，但也沒有人能證明，這樣的鑲嵌法不存在。所以，鑲嵌浴室瓷磚的單純想望，引導出一個懸而未決的數學問題。

吸睛的對稱性

　　要避開五重對稱鑲嵌問題，其中一種方法就是鋪其他類型的曲面。在球面上，12個正五邊形可以密合得剛剛好，而在雙曲平面上（第3章介紹過這種平面），可以排出4個正五邊形的鑲嵌，在頂點處都能夠密合。這兩種曲面都是彎曲的，所以5和平坦的面似乎合不來。

　　另外一種方法則是乾脆放下對於5的偏愛，或是別再限制只能用一種瓷磚。譬如在格拉納達的阿爾罕布拉宮或伊斯坦堡的托卡比皇宮所看到的伊斯蘭藝術：豔麗馬賽克。雖然是由各式各樣的形狀拼貼而成，但仍舊極其對稱。就連小朋友都能一眼看出當中的對稱性，就如同顯微鏡下看到的蝴蝶或雪花的對稱性。

　　可是若要問究竟什麼是對稱性，小孩子很可能會遲疑一下才回答，即使問成年人也一樣。因為這個問題需要稍微思考一下才答得出來，所謂對稱性是指不會受改變而影響的特性。把正五邊形旋轉72度，看起來跟原來一樣，所以具有五重旋轉對稱性。把蝴蝶對著中心線做鏡射，看起來沒變，所以具有鏡射（或反射）對稱性。住宅區沿街一整排一模一樣的房子，則有平移對稱性；假若有巨人把整排房子一起搬移一棟或多棟的距離，這條街看起來仍然沒變。

　　這麼一來，圓形就成了最對稱的幾何形狀。你可以把圓形繞著圓心旋轉任意角度，看起來都和原來的形狀一樣。你也可以把圓形對著通過圓心的任意直線做鏡射，形狀還是不會改變。有趣的是，很少人注意到圓形完美的對稱性，大多數人腦袋裡跳出的第一個對稱物件是正方形或蝴蝶。也許吸引人目光的，是對稱性的個別特質。

　　若以人和動物為例，我們最容易注意的通常是遭破壞的對稱性：撇嘴一笑，微歪一邊的鼻子，稍微左右高低的眼睛。有些人認為，對稱是美的先決條件。不對稱的身體或臉孔，可能會暴露出人類本能上想要逃避的某種健康或基因缺陷，因為生物都只想繁衍最適者。但另一方面，撇嘴一笑可能非常性感，讓展現笑容

的人從平板的眾多對稱臉孔中脫穎而出。由舊傷造成的不對稱，也許會吸引那些希望另一半身經百戰的人。就對稱性與人類的美感而言，或許還沒有一致的看法。

盯著牆看

　　理解什麼是對稱（不受改變而影響的特性）之後，就可以回頭談談室內裝潢。規則的浴室貼磚模式正是數學家所謂的壁紙圖樣（wallpaper pattern），這和一般人常說的壁紙圖樣是一樣的意思。這種圖樣會根據對稱性，在兩個方向上重複出現。唯一的差別是，數學家不在乎圖樣是紙做的還是瓷磚做的。他們看待這類模式的方法，是把所有的對稱寫下來，不去想壁紙上那些玫瑰花、泰迪熊或其他的精細圖案，只把注意力集中在讓圖樣維持不變的變換上，諸如大家熟悉的鏡射、平移及旋轉，還有所謂的滑移鏡射，就是先做鏡射，再沿著平行於鏡射軸的方向平移。沙灘上的足跡，就是一種滑移鏡射變換下對稱的圖樣。

　　壁紙圖樣有沒有可能具有五重旋轉對稱性呢？既然對貼瓷磚而言5是很難搞的數字，你八成會猜答案是不可能吧，而且你猜得沒錯。但真正令人意外的是，雖說壁紙圖案千變萬化，能夠產生的對稱構形卻有精確的上限：壁紙群（wallpaper group）只有17種，其中沒有任何一種牽涉到數字5。

　　很早以前就有人發現17種壁紙圖樣了。阿爾罕布拉宮裡已有幾百年歷史的裝飾牆面上，可以找到幾乎所有的圖樣（上一次計算是在西班牙舉行的2006年國際數學家大會上，與會的數學家斷

定有14種）。不過，直到1891年才有人證明只有這17種圖樣。

不只是虛有其表

　　第一個證明出這個結果的，是俄國數學家葉甫格拉夫‧費德
羅夫（Evgraf Fedorov），他把這個證明寫進《正多邊形系統的
對稱》（*The Symmetry of Regular Systems of Figures*）一書中。費
德羅夫不只是數學家，也是化學家，而這正是他提出這個證明的
動機。化學家會利用晶體中個別分子或一群分子的對稱性，來判
定物質，理解物質的特性。

　　舉例來說，呈V形的水分子在四種對稱操作下維持不變，而
且是在三維空間中，不是在二維平面上操作。第一種是以一條
旋轉軸鉛直*朝下穿過氧原子及兩個氫原子之間；還有兩種是鏡
射平面，一個位在包含水分子三個原子的中心的平面上，另一
個是通過氧原子及兩個氫原
子之間的平面；第四種則是
單位對稱操作（什麼事都不
做）。這四種操作是水分子
僅有的對稱性。

　　費德羅夫一一辨識出所
有的壁紙圖樣，但他對裝潢
不感興趣，他其實是想明確

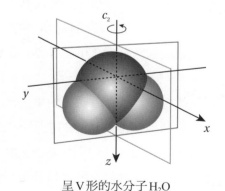

呈V形的水分子 H_2O

---

* 和地球表面垂直。

指出二維晶體中可能存在的所有對稱群。而在短短一年後，費德羅夫和德國數學家亞瑟·向夫立（Arthur Schönflies）就聯手列出了三維晶體中可能存在的230種對稱群。

散播傳統智慧

決定晶體對稱性的方法之一是利用晶體繞射術，也就是把X射線（或是用更近代的做法，以一束電子或中子）射向晶體。晶體原子將使射束*散射，產生繞射圖樣。也就是射束分散開來，從原子之間的不同縫隙透出，波前打到檢波器時，要不是建設性干涉（彼此相長，產生亮點），要不就是破壞性干涉（彼此相消，產生暗點）。晶體中有序的原子結構，會產生非常清晰的繞射圖樣，這些圖樣中的對稱性，來自晶體結構的對稱性。

晶體是由不斷重複出現的原子模式組成的，這些模式稱為單位晶胞（unit cell）。二維晶體是鋪滿相同的二維單位晶胞的平面，在兩個方向上平移會保持不變。從上面的討論可知，這樣的單位晶胞只允許二重（長方形）、三重（三角形）、四重（正方形）及六重（六邊形）的旋轉對稱。三維晶體則是由相同的三維單位晶胞組成，在三個方向上平移對稱，而同樣的，為了讓這些三維單位晶胞完美鑲嵌在一起，只允許二、三、四、六重的旋轉對稱。單位晶胞的對稱性以肉眼就看得出來，譬如岩鹽的立方結構或雪花、水冰的六角結構。

---

* 一道粒子或能量的流束。

因此可以想見，以色列化學家丹·謝特曼（Dan Shechtman）在1982年4月8日早晨看電子顯微鏡時，有多麼驚訝。他看到了漂亮清晰的繞射圖樣，意味著井然有序的晶體結構。然而，他的繞射圖樣也顯示，這個晶體具有不允許的五重對稱。

如果觀察無誤，那麼這個晶體就不可能由具平移對稱的單位晶胞重複模式組成。但還有什麼其他高度有序的結構呢？要解釋謝特曼的神祕晶體，答案在數學家的娛樂活動中。

潘若斯磚與禁用的數字5

數學家很像調皮的孩子，老是在挑戰自己的極限。除非利用嚴謹的數學證明來表示某件事不可能，否則你沒辦法阻止他們衝到某個已知數學懸崖的邊緣。1960年代，數學家非常清楚該如何用週期性（以固定間隔）的重複方式把平面鋪滿，做出了前面討論過的其中一個壁紙群。而這理所當然促使一些專門唱反調的人開口問，是不是能在沒有平移對稱的情況下，以不會規律重複的方式鋪滿平面……於是，數學家開始尋找非週期性的鑲嵌。

非週期性鑲嵌的規則是，以一組可以重複使用的少量瓷磚，鑲嵌出非重複的圖樣。美國數學家羅伯特·柏格（Robert Berger）在1966年拔得頭籌，提出第一組非週期（aperiodic）磚，但它包含了20,426種不同形狀的磚。隨後不斷有人提出數目愈來愈少的瓷磚組，直到1970年代，英國數學家羅傑·潘若斯（Roger Penrose）找出了最著名的例子，這組瓷磚裡只有兩個非週期磚。潘若斯磚包含一個胖的和一個瘦的菱形，依照某些規則

擺放時能拼成無限延伸的非週期圖樣。

　　但是，非重複圖樣未必無序，而且恰恰相反。在潘若斯磚拼成的無限多種鑲嵌圖案中，會在有限的局部區域出現五重旋轉對稱，而其中一些鑲嵌還會出現整個區域的五重對稱。潘若斯磚也有三維的版本，包含一個胖的和一個瘦的菱體（壓扁了的正方體），同樣具有局部或大域的五重對稱性。謝特曼發現的不尋常繞射圖樣，就是這種井然有序、非週期的三維結構所產生的。原來他看見的不是晶體，而是首次發現的準晶體（quasicrystal）。

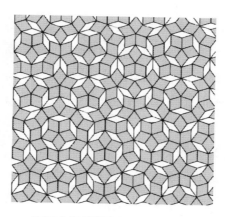

用潘若斯磚拼成的非週期鑲嵌

　　不像潘若斯的發現馬上受到數學界讚揚，謝特曼的發現起先被大家揶揄，他的研究團隊甚至要謝特曼離開，覺得他丟人現眼。但後來有一些化學家發覺自己在繞射圖樣中也曾見過類似的對稱性，而他們當時認定是錯的。謝特曼的研究終於漸漸為人接受，而且有愈來愈多準晶體被發現。最後，科學界承認謝特曼發

現了一種新的晶體結構，不僅重寫晶體的定義，還在2011年把諾貝爾化學獎頒給謝特曼。（數學界馬上讚揚潘若斯的原因，也許是他們知道自己永遠不可能獲得諾貝爾獎——諾貝爾獎沒有設給數學的獎項，真不公平。哼！）

建立對稱

　　對稱性也是物理學的核心問題，諾貝爾物理獎得主菲利普・安德森（P.W. Anderson）曾說：「若說物理學是在研究對稱性也不為過。」物理學上最偉大的領悟之一就是，物理定律無論放在哪裡都應該是一樣的，牛頓對於萬有引力的獨到見解正是典範。不管你是在地球上、月球的背面或是銀河系的另一邊做實驗，同樣的物理定律都能預測出實驗結果。在平移運作下，物理定律是對稱的。

　　就像德國數學家愛蜜・諾特（Emmy Noether）在1918年發表的一個結果顯示，宇宙中的這種固有對稱性，具有很大的影響。諾特是20世紀初少數的幾位女數學家，原先預計成為學校老師，但在1900年、18歲時，她決定進入大學攻讀數學，出乎大家意料。在那個年代，大學體制對於女性還不怎麼友善，必須徵得講師許可，才可以旁聽（諾特很幸運，父親是數學教授，許多講師是她父親的朋友），但學校不會授予學位，也不許她們擔任學術職位。幸虧諾特對數學的熱情克服了種種障礙，她在環論（屬於抽象代數的一支）的發展上有重大貢獻。

　　1915年，菲利克斯・克萊恩（Felix Klein）和希爾伯特邀請

諾特到哥廷根大學任教，但花了四年的時間（在克萊恩和希爾伯特為她發起一場運動之後）學校才終於很不情願地支付諾特一筆微薄的薪水。這段期間，愛因斯坦在1915年到哥廷根訪問，介紹自己的廣義相對論（不久後就成為完整的理論）。當時這個理論還留有幾個問題，其中一個是能量似乎不守恆（能量守恆是學界公認的幾個守恆律之一：在孤立系統中，能量既不會被創造出來也不會被破壞，這也解釋了打造永動機*的計畫為什麼注定失敗）。諾特著手研究這個問題，而且在解決問題的同時證明了一個影響深遠的結果：任何一種守恆的量，包括能量、動量（物體的質量乘上速度）或未來將發現的其他量，都與物理學上的基本對稱性有關。

　　諾特定理揭示了物理系統對稱性與守恆律之間的深厚連結。能量之所以守恆，是因為物理定律在時間的移動上是對稱的：今日蘋果從樹上掉下來的方式，跟（相傳）蘋果砸到牛頓頭上、給他靈感發現萬有引力理論的掉落方式完全相同。同樣的，動量守恆是在平移作用下對稱的結果，而角動量（旋轉物體的動量，而不是做直線運動的物體的動量）守恆，則立基於不會隨著系統在空間中的定向而改變的物理學；即使重寫全球坐標，讓正北方指向倫敦，物理定律的運作方式仍舊維持原樣。

　　諾特定理不僅是理論物理學家每天都用得到的工具，對於發現新物理學，找出新的守恆量（譬如一種叫做色荷的粒子性

---

* 一種不需外界輸入能源、能量或在僅有一個熱源的條件下，便能持續運轉並對外做功的機械。

質），以及鞏固超對稱理論（位於瑞士的大型強子對撞機目前正在測試這個理論）也極為重要。諾特研究的結果把守恆律和物理學上的對稱性連結起來，對近代物理是不可或缺的。

破壞對稱

　　然而，對近代物理來說，對稱性不存在也很重要，因為對稱破缺（symmetry breaking）與秩序的突現息息相關。一杯水是極其對稱的，水分子的定向包含四面八方，不管把杯子轉動任何角度，都不可能看出差異；就像前面所說，這樣的不變性正是對稱性的本質。但假如你轉動的是一塊冰，情形就大不相同了。自然界的冰中，分子呈六邊形晶格排列，如果把冰晶旋轉60度倍數以外的任何角度，都能輕易觀察到分子的有序排列發生變化，因此冰的對稱性不如水。

　　物理系統中突然出現秩序，基本上會發生在對稱性被破壞的位置，不管是結了冰的水、磁化的金屬（當中的電子會排成同方向），還是完全失去電阻而成為超導體的材料。

　　近來物理學上最令人振奮的大事之一，就是大型強子對撞機在2012年偵測到希格斯玻色子的指標，而這也是對稱破缺導致的結果。在1960年代，理論物理學家猜測電磁力和弱核力這兩個基本作用力（電磁力主宰電子及光子的交互作用，而弱核力負責放射性衰變），其實是統一的電弱交互作用*的不同兩面。傳

---

* 在粒子物理學中，電弱交互作用是電磁力和弱核力的統一描述。

遞電磁力的媒介是一種叫做光子的帶電粒子，兩個粒子發生交互作用，就是在交換光子。數學方程式的對稱性顯示，一定有傳遞弱核力的承載粒子，就像光子負責傳遞電磁力一般。這種對稱性預測了 W 及 Z 玻色子的存在，而1980年代在實驗中觀測到了，實驗物理終於追趕上理論物理。

　　然而有個問題：對稱性規定這些新粒子不應該有質量，就像光子一樣。可是為了解釋弱核力的相對微弱，這些玻色子必須帶有質量。1960年代由彼得・希格斯（Peter Higgs）等人發展出的**希格斯機制**，可以解釋這種對稱破缺。而這個機制的副產品，即是預測了另一種粒子的存在，稱為**希格斯玻色子**。在做出預測近四十年後，歐洲核子研究組織（CERN）終於得以驚鴻一瞥。

　　對稱性的思考帶著人類走過很長一段路，從浴室鋪瓷磚，走到宇宙秩序的突現。然而，生活中我們還有未理解的部分：人類的社會體系。而且最後你將發現，數字6有很多可學的東西。

6 蜂巢、六度分隔、富者愈富的網路

不像五邊形，用六邊形把平面鋪滿毫無困難。六邊形的瓷磚在你家附近的五金行都買得到，就連大自然也喜歡用六邊形。蜜蜂築出的蜂巢，裡面是一個個六邊形的蜂蠟巢室，用來儲存花粉和蜂蜜，安置幼蟲。

蜂巢與數學證明的奇特本質

除了美味可口，蜂巢還展示了一個迷人的數學概念：如果要把平面分割成大小相等的區域，蜂巢是最有效率的分割方式，因為使用到的蜂蠟最少。至少從西元300年以來，數學家就已經知道這件事了，當時希臘數學家帕普斯（Pappus of Alexandria）在《數學彙編》（*The Mathematical Collection*）這套著作的第五卷，寫了一篇迷人的序言，題為〈關於蜜蜂的聰明睿智〉。幾千年來學界一直認為這個蜂巢猜想是對的，但直到1999年，才由數學

家托馬斯‧黑爾斯（Thomas Hales）以數學證明了這件事。

　　黑爾斯在證明蜂巢猜想之前不久，也就是在1998年，才對克卜勒猜想提出了開創性的證明，這個懸宕四百年的猜想主要關於堆疊橘子最有效率的方式，也就是讓空隙最小的堆疊法，也是你經常在水果攤看到的金字塔狀。16世紀時，華特‧雷利爵士（Sir Walter Raleigh，把馬鈴薯帶到歐洲的人）曾拿這個問題問他的助手湯馬士‧哈里厄特（Thomas Harriot），不過雷利當時考慮的是砲彈，不是橘子。最後哈里厄特把這個問題轉給克卜勒（第5章講述鑲嵌問題時曾介紹過他），所以今日以他的名字來稱呼。

　　黑爾斯對克卜勒猜想提出的證明之所以具開創性，是因為他使用了電腦。這在1998年仍然很少見，但不算全新的做法。自從1976年靠電腦輔助證明四色定理之後（四色定理是說，替任何一個平面地圖著色，若限制相鄰兩個國家或地區不能同色，所需要的顏色不會超過4種），數學界不得不接受數學證明本質上的劇烈改變。數學家總是自豪，他們只需要紙筆和腦袋就能證明一個定理，但若讓機器為他們做部分工作，他們要怎麼確定程式碼中沒有錯誤？在黑爾斯提出證明的年代，《數學年鑑》（*Annals of Mathematics*，最權威的數學期刊之一）對於電腦輔助證明已經有將近十年的處理經驗，但黑爾斯的證明完全是另一回事。他提出250頁傳統數學證明，以及超過3 GB的電腦程式碼和數據。《數學年鑑》召集了十二位專家組成一個小組，來驗證這個證明，經過了四年的驗證，他們只敢說99%肯定這個證明是正確的，因為他們看過的地方都是對的，卻不得不承認他們永遠沒

辦法檢查所有的數據。

《數學年鑑》及其他數學期刊必須採取特定的策略,來處理電腦輔助證明。這些證明中人腦計算的部分,按照以往的標準來評判,而電腦輔助的部分則視為實驗,代表所用的方法已經驗證,歡迎其他數學家來重現結果,最好是採用不同的方法。

1999年,黑爾斯才剛做完超龐大的克卜勒猜想證明的隔年,他又把注意力轉到蜂巢問題上。黑爾斯說,有了先前處理克卜勒猜想的經驗,他已經「預料到每個定理都是浩大工程」。出乎他意料的是,他的蜂巢猜想證明只花六個月就完成了(與經過「多年非人地苦幹」才證明克卜勒猜想相比),篇幅「只有」20頁,而且不需大量使用電腦,他說:「我覺得自己好像中了樂透。」

這個證明除了對數學家來說是一大勝利,蜂巢猜想對蜜蜂來說也有重要的影響。這個猜想證明了,蜜蜂採用蜂巢結構築巢是很明智的決定,因為這種結構用到的蜂蠟量最少。對蜜蜂來說,分泌蜂蠟的代價很高。牠們分泌一磅蜂蠟,共需要消耗大約6磅蜂蜜,而且必須飛行相當於繞地球9圈的距離,才能採集到足以製造這麼多蜂蜜的花粉。當然,蜜蜂採用蜂巢結構的理由,不太可能是因為蜜蜂比黑爾斯早幾百萬年做出了證明。學界普遍認為,蜜蜂所築的其實是近似圓形的巢室,經過彼此擠壓才變成六邊形,就像肥皂泡泡貼在一起的那一邊會變平一樣。

六度與小世界

　　蜜蜂跟人一樣，是高度社會性的動物，但人和人之間不像蜜蜂這麼親近，我們會受到地理位置、社會結構、行業類別、個人喜好的區隔。但真的是這樣嗎？數字6述說了不同的故事。根據人際關係的研究，任何兩個人之間只有六度的分隔（six degrees of separation）。你和英國女王、或是和好萊塢男星凱文・貝肯、或是和數學家保羅・艾狄胥（Paul Erdős）之間的分隔度，也是如此。

　　這個概念始於社會學家史丹利・米爾格蘭（Stanley Milgram）在1960年代做的實驗，但更讓他出名的，也許是另外一連串比較陰險的實驗，目的是想理解納粹屠殺猶太人期間，成千上萬「普通」德國老百姓所做的可怕行徑。米爾格蘭發現，有不少自願者願意在假扮的受試者身上施加致命的電擊，只因為某個權威人物要他們這麼做。

　　米爾格蘭的小世界實驗就沒那麼令人不安了。他想探討某個很多人都曾遇過的事：你在他鄉認識了某個人，結果發現你們居然有共同的朋友或熟人。這個共同經驗引發了**小世界問題**：能不能藉由少數的共同熟人，讓任意兩個人之間產生聯繫？這樣的關係鏈有多長？為了探討這個問題，米爾格蘭從內布拉斯加州隨機挑選了一些人，要他們透過朋友和熟人，輾轉把一封信遞送到麻州波士頓的某個收件人手上，這是一段尚可接受的距離（米爾格蘭住在哈佛，就在送信的路線上）。如果受試者不認識這個收件

人，就把信寄給他們認為可能認識收件人的朋友。最後只有一小部分的信件成功送達，而這些關係鏈的平均連結數是6；六度分隔的概念由此誕生。這個概念讓很多人驚訝不已，還因此誕生了一部百老匯舞臺劇（「六度分隔」的說法就是舞臺劇所創）、一部電影、一個電視節目，甚至一個慈善社會網路。

比起以往，現代人更清楚生活與網路脫不了關係。除了社會網路，還有像是電力、水力、交通運輸網等基礎建設網路、有形的電腦網路、構成網際網路的虛擬網頁網路，甚至腦神經元和細胞內代謝過程的生物網路。所有網路都是節點（即人、發電所、電腦或神經元）的集合體，節點之間由連線（交情、電力線、wifi或網路纜線、神經連結）來連結，而且這些網路似乎都展現出類似的結構。兩個節點之間的平均距離（測量從一個節點到另一個的連結步數）往往很小，也常見許多局部叢集，也就是說，如果兩個節點彼此連結，這兩個節點連結到的其他節點，往往也是連結在一起的。這兩個特性定義了數學家所說的小世界網路。

隨機重接

為什麼這些小世界網路無所不在？在社會網路中，不難預料會有很多的局部叢集，因為朋友的朋友很容易結成朋友。同時，在機場或度假時結識的點頭之交，也會鬆散地連結起遠端的群體。這個概念反映在兩位數學家史蒂芬・史楚蓋茲（Steven Strogatz）和鄧肯・瓦茨（Duncan J. Watts）1990年代晚期發展出來的模型中。瓦茨的靈感來自親身經歷，他從澳洲的家鄉來到美

國康乃爾大學，跟隨史楚蓋茲攻讀博士學位。這個遠渡重洋的決定，把本來距離遙遠的兩群人連結起來，一邊是他在澳洲的朋友，另一邊是他在康乃爾的朋友。

　　為了模擬小世界網路，史楚蓋茲和瓦茨做了數學家經常做的事。他們從最簡單的設定開始，想像一個友誼環，當中的每個人都與環上左右兩邊的少數特定人選相連。這樣的網路會有很多小型的友誼叢集，因為如果兩個人是朋友，那麼他們的一些朋友也會彼此認識。但如果你隨機選兩個人，那麼把一人連接到另一人的友誼鏈往往很長。

　　後來史楚蓋茲和瓦茨嘗試替他們的友誼網路重新接線，隨機重接一些連線，讓連線的一端保持固定，把另一端連結到隨機選取的節點。由於原本的友誼網路幾乎不在任何一個隨機節點的附近，重接線很可能會連結兩個原本不相連的叢集，大幅縮短了之間的路徑。結果顯示，只要一點點隨機重接，就足以在不破壞局部叢集的前提下，讓節點間的平均路徑變短，也就是在原先

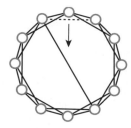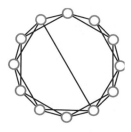

瓦茨和史楚蓋茲把一個非常有序的網路重新接線，原本這個網路中的節點只連結到最靠近的鄰點。圖中有一條連線重新接到隨機選取的節點，倘若想建立小世界，只需要幾個像這樣的重接線。

距離遙遠的節點之間加幾個「捷徑」，就足以讓這個網路變成小世界。

在這樣的小世界網路模型中，從一個節點到另一個節點的平均步數，取決於網路的總體大小以及連結到給定節點的節點個數。在完全隨機的網路中，每個節點都隨機連結到 k 個節點，而兩個節點之間的平均距離與 $\dfrac{\ln(N)}{\ln(k)}$ 成正比，其中 N 是節點的總數。如果你全面隨機重接線，就會得到這樣的網路，但史楚蓋茲和瓦茨發現，在平均路徑長度減少到這個限定值之前，原始「大世界」網路中需要重接線的節點其實不必太多。

再說得更清楚一點。目前世界人口大約是 70 億，如果把社交模式屬於特例的 15% 扣掉，包含嬰兒、超高齡或其他方面非同尋常的人士，那麼就只剩 59.5 億人。假設平均每個人認識 35 人，就可以估計出，彼此認識的兩個人之間的平均距離為：

$$\frac{\ln(5{,}950{,}000{,}000)}{\ln(35)} \approx \frac{22.5}{3.55} \approx 6.34$$

瓦茨發現這個針對小世界現象的簡單數學解釋幾年後，把他的數學技能帶到任教的哥倫比亞大學。2001 年，瓦茨和他哥大的同事做了一次現代版的米爾格蘭實驗，不是透過傳統信件，而是利用網際網路。他們從 166 個國家找來超過 6 萬人，要把郵件寄給 18 位收件人，包括 1 位美國教授、1 位印度技術顧問及 1 位澳洲警察。跟之前的實驗一樣，他們請受試者以電子郵件（取代手寫信）傳給他們認為認識收件人的朋友或熟人。考慮到傳遞失敗率之後，這個實驗再次發現，電子郵件鏈的平均步數大約是 6。而針對線上社群網路的研究得出的數字稍有不同，原因可能

是網友在社群網路上很容易彼此連結。在推特和臉書做出的結果分別是3.43和4.75；看來網際網路真的讓世界變小了。

打破平衡

　　描述網路如何連結的方法，可不只有平均路徑長度和叢集數量。從一個節點出發的連線數，稱為該節點的度（degree）。瓦茨和史楚蓋茲的模型一開始是設定每個人都有同樣多的朋友，也就是每個節點都有同樣的度。即使重新接線，節點的度分布仍然維持不變。不過，在美國聖母大學的匈牙利物理學家艾伯特—拉斯洛·巴拉巴西（Albert-László Barabási）和芮卡·阿爾伯特（Réka Albert）著手研究現實世界中的網路時，卻發現一個意想不到的結果。儘管很多節點的度都差不多而且相當小，但總是能找到其他各種尺度的度的節點，且必定有幾個節點具有大量的連線；這類網路的度，其分布是無尺度的（scale-free）。

　　巴拉巴西和阿爾伯特畫出了每個度1、2、3……的節點個數，並把這個現象用數學的方式描述出來。他們發現的是一種冪次律（power law），也就是有k個連線的節點個數為$N(k)=ak^{-b}$，其中a和b是正的常數。冪次律在數學及物理上不斷出現。

　　阿爾伯特和巴拉巴西利用無尺度網路的首要增長法則：富者愈富。來解釋這種網路的普遍性。有新的節點加入網路時，很可能會與已經有大量連線的節點產生連線，就如同你通常會透過朋友來認識新朋友，所以很可能結交到已經有很多朋友的人。長時間下來，這些已經有許多連線的節點會累積愈來愈多連線，最後

就產生了極大的度。這類網路上的活動幾乎都會通過這些中心樞紐，因此這些節點就掌控了這個網路的行為。

以航空運輸網為例最容易理解，像倫敦希斯洛機場、北京首都機場、美國亞特蘭大機場等樞紐，是航空網中不可或缺的一環。只要不是直飛的航程，都會途經某種規模的樞紐，且往往是最大的幾座機場之一。正因為航空運輸網有這樣的明確特徵，美國聯邦航空總署（Federal Aviation Administration, FAA）就依照樞紐等級為所有的機場分類。

另外，航空運輸網也有助於想像無尺度網路本身具有的優缺點。如果隨便一座機場因為天候不佳或緊急事件關閉，受影響的將只有途經該機場的航班。這樣的隨機停擺影響到的航班很可能比較少，因為全世界大多數機場的連線都很少（套用FAA的術語就是「非樞紐」）。但如果有一座主要樞紐機場停擺，就會波及整個網路，就像2010年聖誕節前的週末暴風雪讓希斯洛機場幾乎關閉，這可是每年的旅行高峰期之一。那次停擺不只影響了上千名在希斯洛機場的旅客（包括作者之一），無法飛到希斯洛的滯留班機造成其他機場堵塞，也導致莫大影響。遇到隨機停擺，無尺度網路有非常好的復原力，但主要樞紐停擺就不堪一擊，因為網路是靠這些樞紐維繫在一起的。

為什麼爆發豬流感

我們往往把社交網路想成有益的事物，但談到傳染病，社交網路也可能致命，至少會害你鼻塞，很不舒服地躺在床上，不停

流鼻水加上關節疼痛。

　　描述疾病蔓延最簡單的方法之一，是兩位在愛丁堡做研究工作的科學家威廉・科馬克（William Kermack）和安德森・麥肯錐克（Anderson McKendrick），在1920年代晚期到1930年代初發展出來的。有鑑於1918年西班牙流感大流行，了解疾病動態想必特別迫切。當年的H1N1病毒株造成全世界五千萬到一億人死亡，占全球人口的3～5%，堪稱是世界上最致命的天災之一，當然也是人類史上最嚴重的流感大流行。

　　科馬克和麥肯錐克的想法很簡單。他們把人口分成三大類：受到感染的人（稱為I類）、容易感染的人（S類：沒被感染但有可能感染）以及已經康復的人（R類）。接著提出一組相當簡單的數學方程式，可描述人群隨著時間從一類流向另一類的流動，稱為SIR模型。這組方程式牽涉到兩個數字：疾病的傳播率及痊癒率。如果你能夠透過觀察疾病的感染方式估計出這兩個數字，這個模型就能預測出疾病是否會、以及何時會達到高峰期，或是會趨緩並逐漸消失。

　　這個基本模型做了一個很好的簡單預測是，疾病的進展取決於一個數字，就是傳播率及痊癒率的比率。這個**基本再生數**（basic reproduction number）用於衡量一個病人能傳染的平均人數。如果疾病爆發初期這個數字大於1（也就是一個病人平均傳染給超過一人），那麼疫情就會擴大；小於1則會逐漸消失。

　　基本再生數讓流行病學家一眼就能看出疾病多麼危險。2009年的豬流感大流行，基本再生數估計為1.3，疫情爆發後也確實演變為大流行。麻疹的基本再生數一般認為高達12。假定群

體中人的接觸模式相當一致,就有助於擬定施打疫苗的有效政策(如果有疫苗的話)。做一點簡單易懂的數學計算就可以了,若基本再生數是 R,應該施打疫苗的人口比例就是 $1 - \dfrac{1}{R}$;如果 $R = 1.3$,就表示比例為 $1 - \dfrac{1}{1.3} = 0.23$,也就是人口的23%。如此會使基本再生數降到小於1的有效再生數,就有機會阻止疾病大流行。

但問題是,群體中人的接觸模式並不相同,也不會一直固定不變,因此不能把基本再生數當成固定不變的量。家裡有小孩的人都知道,學期開始之後,小朋友就變成載滿病菌的媒介。2009年豬流感大流行的模式非常清楚地反映出這一點。英國感染人數兩次達到高峰,一次在七月中旬,另一次在九月中旬,正值孩子們暑假過後回到學校的時間。標準SIR模型假設每個人的傳播率都相同,而且一直維持固定不變,因此無法預測這樣的模式。

這就是為什麼流行病學家亟欲得到人群社交網路的相關資料。在某些情況下,資料可能很難取得,譬如性傳染病,像是HIV,要別人告訴你他們的接觸模式,是十分唐突的。事實上,柴契爾政府在1980年代就曾為了這個原因,暫緩通過調查國民性行為的研究經費。

但在其他情況下,事情就比較好辦。2009年豬流感爆發期間,倫敦大學衛生與熱帶醫學院(London School of Hygiene and Tropical Medicine)的科學家啟動了一項線上流感調查,鼓勵每個人定期通報自己的健康狀況,同時提供一些跟生活方式有關的基本資料。2009年間,有超過5,000人報名參加,所收集到的數據,讓研究人員清楚了解前述提到的變異類型。艾倫‧布魯克斯

—波拉克（Ellen Brooks-Pollock）和肯恩·伊姆斯（Ken Eames）這兩位科學家利用這些資料，建立了一個SIR模型，由兩大部分組成，一個是成人的，另一個是兒童的，同時也考量到學期間及非學期間不同的接觸模式。他們的模型預測出的結果，極為接近實際狀況，由此可知，具有一點社會洞察力多麼重要。

死亡漣漪

　　另一個明顯會影響疾病蔓延方式的因素是旅行。疾病的蔓延方式從科馬克和麥肯錐克的時代至今已產生了巨大的變化。14世紀時黑死病肆虐歐洲，從中收集到的資料顯示，疾病蔓延的方式正如學者料想，就像池塘裡的漣漪，每天約以一個人步行或騎馬的速度移動，從爆發地點呈同心圓向外擴散。現代人有錯綜複雜的旅行網路，所以只要有一個染病的人坐上飛機從倫敦飛到紐約，就足以破壞這個可預測的模式。

　　不過，也有高明的處理方法。物理學家德克·布羅克曼（Dirk Brockmann）最近做了研究，決定重新定義距離。他捨棄了公里或英里，改用人在兩地間旅行的比例來定義距離。根據新的度量標準，倫敦到紐約比到德國阿布茨格明德（Abtsgmünd）還要近，儘管地理上相距很遠，但從倫敦飛到紐約的旅客比例，高於飛往阿布茨格明德的比例。

　　布羅克曼用這個新的距離概念重新繪出各城鎮的網路，竟然重現出與近代疾病散布相同的漣漪模式，比方說2011年在德國爆發的大腸桿菌疫情。這個結果不但有條有理，而且很有用，譬

如有助流行病學家找出疾病的發源地,這是他們面臨的主要問題之一。

布羅克曼的方法,把一團零亂的模式轉變成有條有理的同心圓。還有一個改變觀點的例子,對大多數倫敦人來說已經變成標誌,甚至沒有意識到它的獨創性,那就是倫敦地鐵路線圖。從地理方面來看,地鐵路線圖還不夠好,如果你想靠它步行穿梭倫敦,很快就會發現這一點。各站的站距離奇失真,路線也不像地圖所畫的呈直線。不過,就搭地鐵而言,這張路線圖非常棒,清楚指示哪條線連到哪條線、通往哪裡。

這個失真的設計圖是哈利・貝克(Harry Beck)發想出來的,1933年他在倫敦地鐵工作,也很熟悉工整的電子電路配置圖。地理上準確的地鐵路線圖為了讓邊緣能夠容納所有距離遙遠的站,市中心的站點就會擠成一團,難以辨識,所以大眾很怕搭地鐵到市中心。到了1920年代,倫敦地鐵擔心收益,而貝克的傑作改變的不僅是地鐵系統的資產,也改變了倫敦人對自己城市的態度,還幫助了每年造訪倫敦的數百萬觀光客,讓穿梭倫敦變得像吃派一樣簡單。說到派⋯⋯

τ 連《聖經》都計算過的 π

　　2011年，日本系統工程師近藤茂和23歲的研究生余智恆，創下新的世界紀錄，他們把圓周率 π 算到小數點後十兆位。經過無數次硬體故障，以及從一場大地震中死裡逃生，近藤茂的家用電腦花了將近一年的時間達成任務。那部可憐的電腦有時候卯足全力運轉，讓室內溫度升高到差不多40度。「我們洗好的衣服馬上就乾了，可是一個月得繳3萬日圓電費。」近藤茂的妻子接受《日本時報》訪問時說道。

　　那為什麼還想要做這件事呢？因為 π 是數學上最基本的數字之一。π 是圓周長與直徑的比率，不管圓多大或多小，無論你在地球上還是月球上，圓周長永遠等於 π 乘上圓的直徑，而圓面積會等於 π 乘上圓半徑的平方。更棒的是，π 是無理數，就像 e、ϕ 及 $\sqrt{2}$，π 也無法寫成分數，它的小數展開是無窮盡的非循環小數。它是電腦怪咖的完美遊樂場，因為這種無窮盡的變化，計算挑戰永遠不會結束。

　　近藤茂和余智恆的壯舉，是兩千多年數學史的最高點。巴比

倫人、埃及人、希臘人、中國人、印度人、阿拉伯人,甚至舊約聖經,全都試過要算出 π(如果你想查《聖經》中的出處,可找〈列王紀上〉第7章23節)。早期幾何學家遇到的主要問題是很難度量彎彎曲曲的形狀。第一個提出有系統的解決辦法的,是西元前第三世紀的阿基米德(Archimedes,著名事蹟是在浴池裡大喊「我找到了!」)。他把一個圓夾在兩個正96邊形中間,得出以下的估計值:

$$\frac{223}{71} < \pi < \frac{22}{7}$$

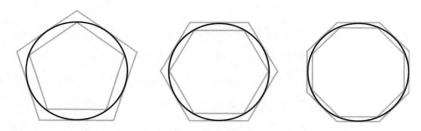

用兩個正多邊形夾住一個圓,來估計 π 值

如果你把這兩個分數轉換成小數(並取概數),將得到:

3.141 < π < 3.143

因此只算出 π 的前三位小數。

繼續增加多邊形的邊數,顯然可以改進這個估計值,進而達到你想要的準確度。阿基米德操作的其實是極限的概念:一個數列(圓內接多邊形的周長)可以任意靠近一個界限(圓周長)。希臘人比微積分的發明超前了兩千多年(見第 e 章)。

像π一樣漂亮

後來，微積分的時代偏好無窮過程，為 π 注入了下一股推動力。17、18世紀，數學家想出了許多計算 π 的方法，這些方法似乎都與幾何無關，而是跟無窮和或無窮乘積有關。有個最佳的例子，是先用1減去 $\frac{1}{3}$，然後加 $\frac{1}{5}$，再減 $\frac{1}{7}$，加 $\frac{1}{9}$，以此類推，加總的結果會趨近 $\frac{\pi}{4}$：

$$1 - \frac{1}{3} + \frac{1}{5} - \frac{1}{7} + \frac{1}{9} - \cdots = \frac{\pi}{4}$$

這個結果十分驚人。等式的左半邊只有算術，幾個奇數、減法及加法，而右半邊竟然出現了根源自幾何的 π。這個級數和與兩位數學家的名字連在一起，一位是萊布尼茲，微積分的發明人之一（第 e 章介紹過），另一位是蘇格蘭數學家詹姆士・格列高里（James Gregory），不過據傳早在三個世紀前，印度數學家馬德哈瓦（Madhava of Sangamagrama）就已經發現了這個結果。很多印度數學家在涉及 π 的幾何學方面做了不少貢獻，但西方數學史偶爾會忘記提。

還有其他可算出 π 的算式，同樣令人驚奇，也都是無窮級數和（請見下頁專欄）。這些級數很漂亮，但對於算出 π 的小數位數多半沒什麼用，尤其是沒有電子計算機的時代。如果你要加總馬德哈瓦—格列高里—萊布尼茲級數前100項的和，再乘以4，算出來的數字只會準確到兩位小數，這個投資報酬率頗令人洩氣。差不多到了20世紀中葉，也只算出 π 的600多位小數，而且是正確的。但從1950年代電腦出現之後，一切就改觀了。

1990年代，俄羅斯兄弟大衛和葛雷哥萊‧查諾斯基（David and Gregory Chudnowski）創下幾個新紀錄，把 π 算到小數點後非常多位，因為他們找出了一個表示 π 的算式，能收斂得相當快。最新的紀錄就是利用他們的公式算出來的。π 的前100位小數，如今用Google就可以搜尋到：

π = 3.14159 26535 89793 23846 26433 83279 50288 41971 69399 37510 58209 74944 59230 78164 06286 20899 86280 34825...

　　而且多虧了近藤茂和余智恆，數學家也知道了小數點後第十兆位是5。

含 π 的無窮級數

$$\frac{\pi}{2} = \frac{(2 \times 2 \times 4 \times 4 \times 6 \times 6 \times ...)}{(1 \times 3 \times 3 \times 5 \times 5 \times 7 \times ...)}$$（約翰‧沃利斯 John Wallis，1655年）

$$\frac{\pi^2}{6} = 1 + \frac{1}{2^2} + \frac{1}{3^2} + \frac{1}{4^2} + ...$$（歐拉，1748年）

$$\frac{\pi^3}{32} = 1 - \frac{1}{3^3} + \frac{1}{5^3} - \frac{1}{7^3} + ...$$

$$\frac{\pi^4}{90} = 1 + \frac{1}{2^4} + \frac{1}{3^4} + \frac{1}{4^4} + ...$$

　　不過實際應用時，不必知道太多位數，即使是計算跟已知宇宙一般大的圓周長，也只要知道小數點後39位，算出來的誤差就比氫原子還要小了。工程師所需知道的小數點後位數則更少，

因為根本沒有電腦或測量裝置能夠處理無窮多位小數。數學家預期 π 出現在與圓形物體有關的方程式中，但事實上它也出現在其他許多地方，特別是跟波有關的描述：無線電波、聲波、微波、水波、光波，以及自然界和人工技術產生的各種振盪。對數學而言，很幸運的是，不管多麼複雜，所有的波形都可以表示成繞著圓走的形式。

終極波

為了容易理解，不妨想像你在平面地圖上畫個圓，圓心落在赤道上。為了方便起見，半徑設為1。假設你從這個圓最東邊的點開始，依逆時針方向繞圈。走了半個圓之後，你所走過的距離會等於 π，因為圓的半徑為1，所以直徑是2，總圓周長就等於

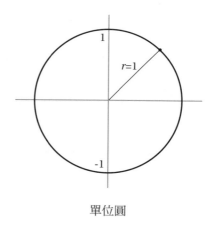

單位圓

2π。沿著上半個圓走時，你的南北（縱）坐標會發生什麼變化呢？它會從0開始（因為你的起點在赤道），接著逐漸增加，走到圓的頂部時達到最大值1，然後在你朝最西邊的點走時，又會以對稱的方式減少到0。

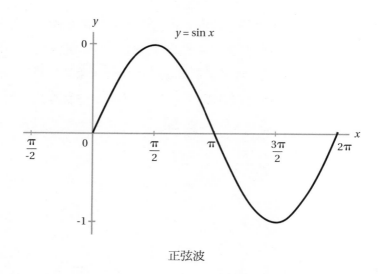

正弦波

　　接著你繼續沿著下半個圓走，走過的距離會從 π 增加到 2π，縱坐標先減到最小值，然後再回到 0。一切完全對稱，凡是圓周上可以連成鉛直線的兩個點，到赤道的距離皆相同。只要把走過的距離（從 0 到 2π）標在橫軸上，對應的縱坐標標在縱軸上，就能畫出縱坐標的變化圖。圖形會是規律的波形，起點在 0，然後往上走到最高點，又降到 0，接著降到最低點，最後再往上回到 0。

　　如果你繞著圓再走一次，走過的距離就從 2π 增加到 4π，模式會重複一遍。距離不論從 4π 增加到 6π，再從 6π 增加到 8π 等，情形仍然相同。最後你會得到一個無限長、完全規律的波（週期波）。東西向（橫）坐標也會產生同樣完美的波，只不過和第一個波在沿著橫軸的方向上相差了 $\frac{\pi}{2}$ 的距離。

　　這兩個波分別是正弦波及餘弦波。也許你以前就在三角學

的課堂上聽過正弦（sin）及餘弦（cos），三角學談的就是三角形的邊角關係。但角度其實只是轉了幾分之一個圓：180度角對應到半個圓，直角對應到四分之一個圓等。基礎數學課程上的正弦及餘弦定義，僅僅適用於直角三角形，直角以外的另外兩個角相加起來只能等於90度，否則內角和會超過180度，如此便不符合平面上的三角形定義。前述的兩種波，算是這種傳統定義的延伸，超過90度的角也包含在內。

訊息解碼

這些波乍看之下很制式，沒辦法說明現實生活中所有的振盪。如果你有一臺可顯示聲波圖像的錄音機，用它錄下自己唱一個單音的聲音，呈現出來的波形會更像鋸齒狀，因為人唱出的不是純音，還包含了大量的泛音。同樣的，用於定位的GPS衛星所發出的無線電波，也不是純淨的波，很可能會受到其他波的隨機干擾。

正弦波及餘弦波之所以如此重要，是因為任何一種波形訊號，都可以分解成純正弦波與純餘弦波的總和。這是法國數學家傅立葉（Jean Baptiste Fourier）在1822年發表的研究結果。通常數學家最好的成就都建立於30歲以前，而傅立葉則是傑出的反例。最初他接受的是神學教育，後來加入法國大革命，並在雅各賓恐怖統治期間遭監禁，但僥倖躲過了斷頭臺，之後以科學顧問的身分隨拿破崙軍隊進犯埃及。他在54歲回到巴黎、進入科學院，並完成了《熱的解析理論》（*Théorie analytique de la chaleur*），這部著作對後世影響深遠。

　　傅立葉是在嘗試以數學描述熱如何流過金屬板時，偶然發現了這個結果，並且領悟到，如果假設熱源有週期性，就像波一樣，事情會比較簡單。他的這個重要發現大致是說，幾乎任何週期曲線都可以表示成正弦波及餘弦波的總和（可能是無窮和），譬如：

$$y = \cos(x) + 4\sin(0.5x) + 0.5\cos(10x)$$

　　其中 y 畫在縱軸上，而 x 畫在橫軸上。如果你的電腦有繪圖工具，就可以把這個總和畫出來，而且清楚呈現出比單一正弦波或餘弦波更加複雜的鋸齒狀波形（但仍然是週期波）。蘇格蘭物理學家克耳文勛爵（Lord Kelvin）將傅立葉的著作讚譽為「偉大

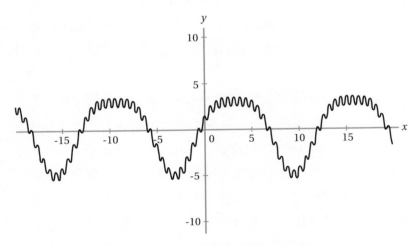

$y = \cos(x) + 4\sin(0.5x) + 0.5\cos(10x)$ 的圖形

的數學詩篇」，這個比喻與傅立葉的結果相稱，就像以字作詩，我們也能用純正弦波及餘弦波譜出複雜的波形。

如果要將傅立葉的發現運用在現實生活中，必須先知道複雜波形的組成，不可思議的是，數學家已經發展出一套技術，稱為傅立葉分析（Fourier analysis），幫他們做到這件事。所有類型的訊號都可以用這種方式分解，因此傅立葉分析的應用極為廣泛，譬如用來分析從 GPS 衛星接收到的無線電波訊號。也可以透過電腦合成，再利用傅立葉分析來理解樂器的聲音，或是洗掉數位錄音。在醫學上，可以用傅立葉分析來重建人體內臟電腦斷層掃描的影像，而在影像處理方面，可用來壓縮數位影像，清除瑕疵。應用之多，幾乎列舉不完。

新版圓周率：τ？

π 和波之間的這種連結，導致一些數學家抨擊幾世紀以來的數學慣例。他們擔憂 π ＝3.14159... 凌駕了它自己的兩倍 2π ＝6.28318...。兩個數都可以視為基本的圓常數，π 是半徑為 1 的圓面積，而 2π 是半徑為 1 的圓周長。另外，6.28318... 也是正弦波與餘弦波的重複週期。然而真正普及的卻是 3.14159...，不僅遍布在幾百年來數不清的教科書上，還曾現身在卡通《辛普森家庭》的劇情中，甚至還有同名電影。

6.28318... 卻無法享有這樣的名聲，有些異議人士認為很不公平。角的度量明明就跟圓周長有關，比方說四分之一個圓是在描述 90 度角，半個圓描述的是 180 度角等，而一般人更習慣把圓

描述成360度，這個習慣可能是古巴比倫人遺留下來的，他們選360，而不是其他數字的原因不明，也許是因為太陽在空中一天的移動範圍是 $\frac{1}{360}$ 個圓，或是因為他們的數系是以60為底，而 $6 \times 60 = 360$。不管理由是什麼，角度的細分是非常獨斷的，根據你繞著圓需走多少距離來定義一個角，其實更加合理，這也是數學家、物理學家、工程師採取的做法。

　　既然數學上及科學、技術、工程方面的數學應用上處處用得到角和波，異議數學家認為應該賦予6.28318...專屬的希臘字母。而他們選了 τ（讀作tau），並主張教科書從現在開始應該改用這個數。其中一位擁護者邁可・哈托（Michael Hartl）還擬了一份 τ 宣言，這個議題甚至登上2011年 τ 日的全國新聞；τ 日是6月28日，日期的寫法6.28剛好是 τ 的前三位數字。

　　這些推動者能不能改變幾百年的傳統，現在還說不準。歸根究柢，你使用的符號是 τ、2π 還是笑臉，真的無關緊要；常數本身的概念才是最重要的。大多數的非數學家可能根本不在乎 π 和 τ 之爭，如果你要他們選個最喜歡的數字，他們想到的數字大概比這個平凡多了。

7 幸運7其實沒那麼幸運

　　你的幸運數字是多少？假如你的答案是7，那有很多人跟你一樣。數字7經常獲選為最喜歡的數字或幸運數字。一般人喜歡或害怕某些數字的理由雖然很多（包括理性和非理性的），但是7的超人氣頗有根據。

　　幾百年來人類一直在玩運氣遊戲，譬如丟銅板、擲骰子，這練就了我們對於機率及可能結果的直覺。如果同時擲兩顆有六個面的骰子，每次擲出可能產生的結果會有6×6＝36種，其中六種結果的點數總和是7，機率比可能出現的其他點數總和還要高。所以7在骰子遊戲中並沒那麼幸運，只是合理評估最可能出現的結果。這也解釋了為什麼玩「大富翁」時，如果把「監獄」那一格之後大約7步的地產全買下來，蓋滿旅館，你就很有機會成為贏家。玩家走到監獄的頻率比其他格還要高，除了自己擲骰子的結果，也可能被機會、命運牌送到監獄（若要繞過監獄，必須擲出不太可能出現的12點），所以如果有人已經在坐牢，再來極有可能擲出7點或7點左右的點數，就會走到你蓋了旅館和房子的

地盤上,要付高額租金給你(請注意:我們其中一人過去兩年一直運用這個戰略對付一群7～9歲的殘酷小夥子,目前為止還沒贏過)。

點數總和	可能擲出的結果	擲出該點數總和的丟擲次數
2	(1, 1)	1
3	(1, 2) (2, 1)	2
4	(1, 3) (2, 2) (3, 1)	3
5	(1, 4) (2, 3) (3, 2) (4, 1)	4
6	(1, 5) (2, 4) (3, 3) (4, 2) (5, 1)	5
7	(1, 6) (2, 5) (3, 4) (4, 3) (5, 2) (6, 1)	6
8	(2, 6) (3, 5) (4, 4) (5, 3) (6, 2)	5
9	(3, 6) (4, 5) (5, 4) (6, 3)	4
10	(4, 6) (5, 5) (6, 4)	3
11	(5, 6) (6, 5)	2
12	(6, 6)	1

數學意義

數字7也恰好是我們的幸運數字之一,但我們喜歡7的原因,是它感覺起來像是第一個有趣的質數。對許多有數學天分的人來說,數字的數學性質才是讓某個自然數與眾不同的要素。

在我們對《Plus》雜誌讀者做的極不科學調查中,最高票是數字73。自從《宅男行不行》劇中角色謝爾頓(Sheldon)指定

73是最好的數字之後，這個數字似乎就變成很多人的最愛了。謝爾頓的理由來自幾個數學性質的總匯：73是第21個質數；它的鏡像37是第12個質數；12的鏡像21是7和3的乘積；73寫成二進位數是1001001，而這是個迴文數，意思是不論正著讀或反著讀都是同一個數。

　　一點都不巧合的是，謝爾頓在第73集中分享了他的推理。這也讓我們想起馬丁‧葛登能（Martin Gardner）說過的一句話（或者該說是他虛構出的「矩陣博士」所說的話）：「每個數字都有數不清的獨特性質。」（葛登能是很優秀的數學推廣家，他替《科學美國人》寫的「數學遊戲」專欄激發了世世代代的數學家。）矩陣博士把2187這個數字的一長串有趣性質講完，就說出了這句話；2187出現在葛登能童年時期在奧克拉荷馬州的地址。而在2187的所有數學性質當中最有趣的是，它是個*幸運數*（lucky number）。

　　數學上的*幸運數*，是指經由某些篩選過程後留下的數字。這些過程與用來篩出質數的埃拉托斯特尼篩法（sieve of Eratosthenes）有關（第16929639...270130176章將會介紹）。就像質數篩法，幸運數篩法也是從自然數1、2、3……開始的。由於2是1後面的第一個數，就可以先從每兩個數字中刪掉一個：

　　1, 3, 5, 7, 9, 11, 13, 15, 17, 19, 21, ...

　　篩完第一次後，3變成1的下一個數，所以你再從剩下的數字中每三個刪掉一個：

1, 3, 7, 9, 13, 15, 19, 21, ...

接下來，7是1的下一個數，就從剩下數字中每七個刪掉一個：

1, 3, 7, 9, 13, 15, 21, ...

如此繼續刪下去，把自然數逐步篩選到只剩下那些幸運的數字。

質數篩法是根據質因數來刪除數字，而幸運數篩法純粹是看數線上的位置，因此質數與幸運數居然有許多共同的重要性質，令人特別感到意外。幸運數有無窮多個，而且沿著數線越往前走，分布就越稀疏；幸運數的密度（小於某個值的幸運數個數）和質數的密度差不多。事實上，孿生幸運數（相差2的幸運數）的密度，也和孿生質數的密度差不多。甚至還有個幸運數版的哥德巴赫猜想（在第2章介紹過這個猜想），也就是每個偶數都是兩個幸運數的總和；至少對前十萬個整數來說，這個結果都成立。但就像質數版的哥德巴赫猜想一般，數學家還提不出證明。

幸運數13

幸運數篩法似乎讓人更加懷疑7是幸運數。不過仔細想想，根據同樣的推理，13也是如此。

可憐的13普遍被視為不吉利的數字，有時在西方樓層編號或飛機座位排號甚至會跳過13。依數學上的定義，13其實是幸

運數，而且還是幸運質數。不過，基於各種陰暗、不理性的緣由，13已成為不祥之名。其中一個說法是，每個太陽年（即曆年）比12個朔望月的長度多了幾天，所以偶爾必須偷偷塞進第13個滿月，而某些文化將此視為凶兆。（最近的一次雙滿月，發生在2015年7月31日，下次會在2018年1月31日及3月31日。）

　　宗教上也能找到不祥的論點：在耶穌最後的晚餐上，有13人同席，謠傳出賣耶穌的猶大是最後一位入座的；另外在北歐神話裡，某次有12個神舉辦筵席，結果洛基（Loki）不請自來，變成第13位，繼而發生了各種不愉快的事。數字13最後落得名聲很差的下場，見到13就害怕的心理毛病甚至成了公認的恐懼症，稱為13恐懼症（triskaidekaphobia）。

　　數字13還有幾個知名的盟友，都因為同樣不可信的理由被當成不祥的數字。在中國4是不吉利的，原因是發音和「死」很接近。另外，對於「獸名數目」666的恐懼則源自《聖經》，有學者認為666代表羅馬暴君尼祿（Nero Caesar）。Nero Caesar的希臘文拼法是Neron Kaisar，譯成希伯來文字母是nron qsr，因為希伯來文字母也用來記數，所以尼祿的名字相當於數值666。若真是如此，假使尼祿的母親當初替他取名戴夫（Dave），最後烙上污名的就是別的數字了。

我的意思

　　一般人多半會從個人或群體的經驗來選出自己的幸運數字或不吉利數字。比方說，我們其中一人最喜歡3，因為這是她的生

日。自己的或親人的生日,對大多數人而言顯然具有特殊意義(萬一忘了某人的生日,譬如母親的生日,可就是壓力的來源,這是慘痛的個人經驗談),但這些數字其實並不特別幸運。話雖如此,用生日去簽樂透沒什麼不好,反正簽中的機率(大約是1,400萬分之一)跟其他任選的號碼組合完全相等。不過壞消息是,採取這種策略的不會只有你一人,所以你和他們的選號範圍都會限定在1～31這組號碼中。也就是說,雖然中獎機會相同,但如果你以生日號碼簽中了,均分彩金的機會更大。

總而言之,你我偏好某個數字的理由多半充滿個人及文化上的包袱,即使只是為了數學性質而偏愛一個數字,也是出於主觀上的選擇。要記住,挑選最適合你的數字就對了。下一章要談的正是這個。

10 做為一種尺度

　　提到雞蛋，多數人可能習慣用「打」計算，但其他大部分的東西，就習慣以10為標尺了。我們常說上百人、幾千塊錢、數百萬元，數量級是以10的乘冪來區隔，正如第0章介紹過的，現今的數系以10為底，所以這再自然不過了。

　　科學家和電子計算機就充分利用了這個概念。由於數系的運作方式，把一個整數乘上10，就相當於在這個數的尾端加一個0：

　　$4 \times 10 = 40$

　　因此，把一個整數乘以10，乘n次，就是在這個數的尾端加上n個0。當然，乘n次10就等於乘上10^n，所以後頭會跟著很多個0，譬如：

　　4,000,000,000,000,000,000,000,000,000,000,000,000,000

　　若要將這個大數目寫得簡單一點，可以用10乘冪的乘積表

示，譬如：

$$4 \times 10^{45}$$

科學家和電子計算機通常都會這麼做。在科學記法中，大數目會表示成下面的形式：

$$a \times 10^b$$

其中數 a 至少為 1，但小於 10，而 b 是適當的整數。即使不是單一數字後面跟著一堆 0 的數目，這種記法也同樣適用，比方說地球的質量：

5,972,200,000,000,000,000,000,000 公斤

就可以簡寫成：

$$5.9722 \times 10^{24} \text{公斤}$$

而在 10 的指數部分（乘冪）加 1，就代表這個數目是幾位數（以地球的質量 5.9722×10^{24} 公斤為例，在指數部分 24 加 1 得出 25，所以是 25 位數），而跟 10 的乘冪相乘的那個數（去掉小數點之後是 59722），即是這個數目的前幾位數字。

如果你處理的是很小的數目呢？正如第 e 章介紹的，一個數的負數次方，例如 10^{-2}，等於 1 除以這個數的同樣次方，只是從負數變成正數：

$$10^{-2} = \frac{1}{10^2} = 0.01$$

這樣你就可以用10的負數次方來表示很小的數目。譬如電子的質量大約是：

0.000 000 000 000 000 000 000 000 000 910 938 221 公斤

用科學記法表示，就是 $9.10938221 \times 10^{-31}$ 公斤。指數部分減去1，是跟在小數點後面的0的個數（在這個例子中是30），而和10的乘冪相乘的數（去掉小數點之後是910938221），即是跟在那串0後面的數字。

從這裡可以看出科學記法之美。地球的質量是 5.9722×10^{24} 公斤，電子的質量是 $9.10938221 \times 10^{-31}$ 公斤，比較一下指數部分，馬上就能看出地球比電子重了55個數量級。因為從 10^{-31} 的規模跳到 10^{24} 的規模，必須乘上 10^{55}（指數運算法則請見第 e 章）。運用科學記法，你就能立刻掌握東西的大小和對比，不需要辛辛苦苦數算數字。

非常大

日常生活中遇到的數字（譬如尺寸、距離、重量、數量）多半是在有限的範圍內變動，大概介於 -100 到 100 之間，但這並不符合自然界的實際情況，而是或多或少出於人類所選的度量單位帶來的結果。人以一公尺當作長度，是因為它和人的身長及生活中的尺度能夠相對照。

尺度是什麼？

　　如果以多數人熟悉的事物來思考，會更容易理解尺度是什麼。譬如，描述某樣東西等於3部倫敦公車的長度，會比說25.14公尺更容易想像。以下是幾個有用的對照：

人的頭髮寬度：10^{-4}公尺

米粒的長度：5×10^{-3}公尺

人的身高：1.7公尺

倫敦公車的長度：8.38公尺

巴黎鐵塔：324公尺

聖母峰：8,848公尺

萬里長城：6,400公里

尼羅河或亞馬遜河：6,600公里

地球：直徑12,756公里，繞赤道一圈的距離40,075公里，質量5.9×10^{24}公斤

地球到月球的距離：380,000公里……再飛回來則是760,000公里

平臺鋼琴：240～450公斤

大象：3,000～7,000公斤

藍鯨：長33公尺，重1.8×10^{5}公斤

大頭針的針頭：10^{-6}平方公尺（約1平方公釐）

郵票：5×10^{-4}平方公尺

足球場（英國的）：長100～110公尺，面積7,140平方公尺

威爾斯：20,779平方公尺

奧運會標準泳池：2,500立方公尺

然而在科學領域，物質可能會變得非常非常大。星系間的距離浩瀚無比，無法以公里或英里來測量，而是用光年，也就是光行進一整年所能走的距離。由於光每秒大約走300,000公里，而一年有：

$$60 \times 60 \times 24 \times 365 = 31,536,000 秒$$

所以一光年差不多相當於：

$$300,000 \times 31,536,000 = 9,460,800,000,000 公里$$

以科學記法表示，大約是9.4608×10^{12}公里。說來嚇人，離地球最近的重要星系仙女座，竟然在250萬光年之外，換算成距離是：

$$(9.4608 \times 10^{12}) \times (2.5 \times 10^{6}) 公里 = 23.652 \times 10^{18} 公里$$
$$= 2.3652 \times 10^{19} 公里$$

在宇宙萬物間，人類真的非常非常渺小！

非常小

　　而在物理領域，物質可能會變得超級小，小到難以想像，但仍然極為重要。愛因斯坦在1905年發表了一篇論文，解釋光電效應：如果用一束光照射金屬的表面，光就會把電子敲出表面。從1880年代晚期以來，物理學家就對這個出人意料的現象大惑不解。如果把光看成波，依據當時的認知，科學家會預期逃逸出的電子攜帶的能量，應該等於敲出電子的光波的能量。光波的能量跟光的強度成正比，所以被逐出的電子能量也應該與照射光的強度有關。

　　但實驗顯示的結果並非如此。電子的能量似乎視光的頻率而定。這很奇怪，波的頻率明明是給定時間間隔內出現波峰的次數，為什麼和電子能量有關呢？唯一由光線強度決定的，是被敲出的電子數，也就是光線愈亮，鬆動的電子愈多。

　　為了解釋這個奇特的效應，愛因斯坦認為，光也可以視為粒子流，這些光粒子稱為光子（photon）。光束強度跟其中所含的光子數成正比，所以光束愈強，個別光子敲出的電子愈多。而每個光子（或稱光量子）攜帶了固定數量的能量 E，讓釋放出的電子吸收。與光波的頻率 f 有關的，就是這些能量 E。愛因斯坦得出的關係式是：

$$E = hf$$

　　其中 h 是個非常小的數，它的值為 6.626069×10^{-34}（以 m^2 kg/s 為單位）。h 這個數是物理學家馬克斯·普朗克（Max Planck）

發現的，於是命名為**普朗克常數**。若以普通的小數表示法來寫，這個常數在小數點前面有1個0，小數點後面有33個0。

波的重要性

愛因斯坦因為解釋了光電效應，在1921年得到諾貝爾物理獎，而在他提出解釋將近二十年後，有位名叫路易·德布羅意（Louis de Broglie）的年輕法國物理學家，大膽提出了一個想法：不只光可以兼具波與粒子的性質，物質也可以。他認為像電子這類的粒子，有時會顯示出波動性，有時又會顯示出粒子性。「粒子波」的頻率與粒子能量之間的關係式，恰好就是 $E = hf$。這個想法很古怪，但在往後的許多實驗中都獲得了證實。

此一波粒二象性（wave-particle duality）後來成為量子力學的重要信條，而量子力學正是用來描述微小尺度世界、卻也非常違反直覺的理論。普朗克常數 h 是描述波與粒子之間的關係，它對量子力學的重要性也就可想而知。

甚至在量子力學充分發展成為理論之前，普朗克似乎就已清楚這個常數的重要性。1899年，他以 h 和其他幾個公認的自然常數為基礎，提出一套計量長度、質量、時間、溫度及電荷的單位。普朗克相信，他提出的單位是最正確的，完全不受人類經驗的影響。在論文中他寫道：

> 這些〔單位〕適用於所有的時代和所有的文明，甚至是地球外和非人類的世界，因此可以訂定為「自然單位」……

　　普朗克的單位在生活中並沒有廣泛運用，因為這些單位比一般人常見的各種量小了非常非常多。一公尺大約等於 10^{35} 個普朗克長度，也就是1後面跟了35個0。不妨想像一下IKEA組裝說明書上的長度都是這樣的天文數字！

已知物理學的終結

　　然而在物理學上，普朗克長度具有特殊的作用，尤其是運用在結合愛因斯坦的廣義相對論跟量子力學。這兩個理論乍看之下毫不相干；廣義相對論描述的是行星、恆星這類巨大物體的運行，量子力學則在描述微小的粒子。但重要的不僅是尺寸，質量也很重要。

　　如果你把質量已知的物體壓縮到很小的空間區域內，它的引力會變得非常強大，附近幾乎沒有任何東西能夠逃脫，就連光線也不例外；這就是所謂的黑洞。若想讓地球變成黑洞，則必須把地球壓縮到半徑剩下9公釐，差不多像花生米那麼大。將已知質量變成黑洞的長度尺度稱為施瓦氏半徑（Schwarzschild radius）。要描述黑洞，就需要廣義相對論，所以也需要用施瓦氏半徑衡量長度尺度。

　　那屬於量子物理範疇的長度尺度是什麼？同樣視質量而定。除了施瓦氏半徑，質量已知為 m 的物體還帶有一個數，稱為康普頓波長（Compton wavelength）。需要用量子物理來描述物體的時候，就可以康普頓波長衡量長度尺度。問題是，有沒有某個質量 m，會讓這兩種長度尺度相等，因而需要同時用到這兩種理論？

　　概算的結果是有，而且恰好等於普朗克質量，所對應的長度尺度則是普朗克長度。因此，要談具有普朗克質量及長度的物體時，就需要一個同時涵蓋重力和量子物理的理論。然而，正如第4章說過的，目前還沒有這樣的理論。普朗克長度大約是質子的 10^{-20} 倍，遠小於人類能觀察到的任何東西，所以實驗物理學不會遇到這個問題（而普朗克質量差不多等於一個大細胞的質量）。儘管如此，普朗克長度與普朗克質量似乎劃定了現有理論的失敗界限。

　　上述的論證從很多方面來看並不成熟，但多少提供了一點提示，說明為什麼等人類找到量子重力理論時，普朗克單位可能會發揮特殊的作用。弦論是解決量子重力的嘗試之一（見第4章），在弦論的許多版本中，都假設代表粒子的微小振盪弦差不多等於普朗克長度。有些學者甚至認為，普朗克長度是可能達到的最小長度。如果把太空拉近到這種程度來看，你會看到它分割成普朗克大小的像素；沒有什麼比普朗克長度更小了，太空本身無法再細分下去。不過，現有的技術根本沒辦法把太空拉近到這種程度，來確認實際發生的現象，所以也許得等上一段時間，才能知道是否真是如此。說到時間，我們應該花些時間談一談具體表現出時間的那個數字：12。

12 關於時間

　　沒有人真正知道為什麼時鐘上有12小時。這個習慣可追溯到古埃及人，他們把白天分成10小時，外加黃昏及日落各1小時。之所以用12計量，也許是因為一年大約有12次月相週期，而既然一年分成12份，何不按照同樣的方式劃分一天？也有人認為，這是因為埃及人的數系以12為底；還有一個說法是，埃及人利用手指的關節數來計數。每根手指有3個關節，如果用來數其他關節的大拇指不算在內，每隻手就有4×3＝12個關節。

　　不管原因是什麼，埃及人的做法導致一整年間每小時的長度不一，因為冬天的白晝比夏天短。而率先把晝夜劃分成等長的24小時，而不去管天色亮不亮的是希臘人。

　　如今我們不但無視白天黑夜，甚至連地球都忽略了。現代的標準時間，與地球自轉毫無關係，而是由銫原子的共振頻率設定的，世界各地有幾百個小心翼翼保護的原子鐘測量出這個頻率。地球的自轉速率會變動，不可預測，而原子振盪是完全規律的。事實上，如果放著不管，世界協調時間（UTC）會和地球時間漸

行漸遠,所以每隔一段時間要將世界協調時間增加一閏秒。閏秒會加在6月30日或12月31日的23:59和0:00之間,世界協調時間的時鐘上會顯示23:59:60。國際地球自轉組織(IERS)則會根據地球的現況,提前幾個月公布是否要增加閏秒。

這種對於精準的執著,似乎有點過頭了,也許是因為人類心理的時間感不太準確,會根據我們正在開無聊會議或是在熱吻,而延長或縮短。現代人徹頭徹尾成了時間的奴隸,視時間為最高指導原則,即使地球停止運轉,也必須按照時間表行事。正如牛頓說過的:「絕對、真實、數學上的時間,其本身和從其本質上來看,是穩定流動的,與外界事物無關。」

該談對稱性了

時間以週期的方式計量是件好事。要是最早開始計時的人決定在12甚至24之後,繼續往後算25點鐘、26點鐘、27點鐘等,現在的時間恐怕會大到得花相當久才講得完。

在計算上,時間的週期一開始可能會帶來一些不便。12小時制中的1~12,形成了自己的小世界,不論增加或減少都脫離不了這個範圍。舉例來說,在12小時制中,7+7不再是14,而是2,同樣的,3−7也不再是−4,而是8。在12小時的世界裡,每個數字都有個手足,和它相加之後會回到12,例如7的手足是5,2的手足是10。減去一個數x,就等同於加上此數的手足12−x。那麼12的手足是哪個數?就是12自己,因為12+12=24,在12小時的世界裡,24和12相等。事實上,任何

時間和12相加之後結果不變，所以12在12小時制的作用，就像0在一般算術中的作用；這正是午夜12點也稱為0點的原因。

　　時鐘這個有趣的特徵，也說明了數學上最重要的概念之一：群（group）的概念。數學家把群抽象定義成一堆物件或一個集合，以及可把其中兩個物件結合成第三個的方法（即運算）。在上述的例子中，這個集合就是數字1～12，而把其中兩個元素結合成第三個的方法是模12算數*。如果這個集合符合以下四個規則，就有資格成為群：

1. 集合中的任兩個元素經運算後，得出的仍是這個集合中的元素†。
2. 集合中有單位元素，其他元素與這個元素運算後，會保持不變（在時間的例子中，單位元素是12）。
3. 每個元素都有一個手足，稱為反元素，這兩個元素運算後的結果是單位元素。
4. 這個集合的運算不在意有沒有括號，因為它是可結合的運算‡。若把這個運算寫成＋，而a、b、c為集合中的三個元素，就會得到$(a+b)+c=a+(b+c)$。這顯然適用於時鐘的例子，譬如：

$$(1+2)+3=3+3=6 \quad 而 \quad 1+(2+3)=1+5=6 ;$$

---

* 模算數是一個整數的算術系統，其中數字超過一定值（稱為模）就會回到較小的數值。
† 數學上稱為封閉性。
‡ 數學上稱為結合率。

$5+(1+8)=5+9=2$ 　而　$(5+1)+8=6+8=2$。

相同卻又不同

　　群的好處是，兩個群可以由不同的元素組成，但仍然具有相同的結構。12小時制的群是個循環群：不斷加1，就能生出一切，而一旦到達12，又會從頭開始。想像一個標準的圓形鐘面，上頭有12小時的刻度，但旁邊沒寫出數字。鐘面依順時針方向旋轉 $\frac{1}{12}$ 圈（30度），也就是移動一個刻度，但鐘面看起來依然不變，因為它是對稱的。移動一個刻度，相當於增加1小時，移動兩個刻度（總旋轉角度變成60度，或說 $\frac{2}{12}$ 圈），則相當於加2小時，以此類推。用這種方式旋轉，所轉的角度是 $\frac{1}{12}$ 的倍數，從 $\frac{1}{12}$ 圈到一整圈，轉完一整圈就要再從頭開始，因此以 $\frac{1}{12}$ 的倍數的角度順時針旋轉的結果，構成了一個循環群，就像是數字1～12在模12算數下產生的結果。數學上稱這兩個群同構（isomorphic）；雖然其中一個由數字組成，另一個由旋轉角度組成，但兩者的結構完全一樣。

　　鐘面所有對稱性的集合（不只旋轉，也包括各種可能的鏡射），會形成更大的群，旋轉對稱只是其中的子群。事實上，任何形狀的對稱性所組成的集合，皆會構成一個群，也因此數學家常常形容群論是處理對稱性的數學語言。儘管幾千年來人類一直為對稱性著迷，群的描象研究卻在19世紀才展露出價值。而且激發這門研究的對象，其對稱性一點也不明顯，那就是：方程式。

天才阿貝爾

從巴比倫時代以來，人類就一直在研究怎麼解方程式，譬如：

$$x^2=9$$

這個方程式的解是3和−3；把這兩個數代入x，結果都是9，滿足方程式的要求。再舉一個二次方程式（「二次」是指未知數的最高次數是2）的例子：

$$x^2-x-1=0$$

解答分別為 $\dfrac{(1+\sqrt{5})}{2}$ 與 $\dfrac{(1-\sqrt{5})}{2}$。第一個解是黃金比，第 φ 章已介紹過。

二次方程式有無窮多個，所以根本不可能一一求解。幸好，二次方程式可以寫成一般式：

$$ax^2+bx+c=0$$

a、b、c代表某些已知數（譬如前面所舉的方程式中，$a=1$，$b=-1$，$c=-1$）。更幸運的是，它有個公式解：

$$\dfrac{(-b+\sqrt{b^2-4ac})}{2a} \text{ 與 } \dfrac{(-b-\sqrt{b^2-4ac})}{2a}$$

你可以把$a=1$、$b=-1$、$c=-1$代入這個公式解，算算看是不是真的能算出黃金比方程式的兩個解。

巴比倫人在差不多四千年前，就知道這種公式解的形式了，

不過一直到16世紀，才有一些數學家替三次方程式或四次方程式算出通解。

三次方程式：

$$ax^3 + bx^2 + cx + d = 0$$

四次方程式：

$$ax^4 + bx^3 + cx^2 + dx + e = 0$$

方程式中的 a、b、c、d 是有理數（即整數或分數；詳見第 $\sqrt{2}$ 章）。

獲得這麼大的成果之後（第 i 章將提到更多例子），下一個目標就是找 x 最高次數為 5 的五次方程式的通解，然而直到1800年仍然沒能找到。1824年，挪威數學家尼爾斯‧亨利‧阿貝爾（Niels Henrik Abel）拋出一個爆炸性的解釋：他證明出，沒有這樣的通解。五次方程式無法以只含加減乘除及開根的公式求解。這並不代表五次方程式無法求解，你還是可以嘗試技巧性地猜測求解，或是運氣夠好的話，碰到容易解開的方程式。例如：

$$ax^5 + b = 0$$

這有一個解，即 $\dfrac{-b}{a}$ 的五次方根。

不過重點是，數學家寫不出五次方程式的通解。阿貝爾年僅22歲就發表了這個結果，而歐洲數學界菁英已經為此纏鬥了至少兩百五十年。五年後，阿貝爾因結核病和赤貧過逝。雖然當時幾位大數學家賞識他的才華，但他從來沒有順利找到工作。

對稱性與悲劇

　　此後不久，另外一位數學天才，法國人耶瓦里斯・伽羅瓦（Evariste Galois），決定弄清楚為什麼五次方程式不可解。在此期間，他還忙著參加政治活動，甚至在1830年革命浪潮過後兩次被捕入獄，一次是因為威脅到路易菲利普一世（King Louis Phillipe）的性命（不是蓄意威脅，而是在晚宴上敬酒），另一次是因為非法穿著國民自衛砲兵隊的制服，還攜帶上了膛的槍枝和短劍。伽羅瓦的自信其來有自。他從16歲以來就對自己的數學天賦很有信心，早年學術生涯受到阻礙，都只是例行考試成績不佳和放浪不羈造成的後果。

　　伽羅瓦開始試驗各方程式的解，結果發現，在特定的數學意義上，方程式的解可以交換，就如同利用三角形或其他規則形狀的對稱性，把各個角互換。只要觀察前面二次方程一般式的公式解中可見的正負鏡射，就能大略領會這些方程式的對稱性了。方程式可不可解，要看方程式的解可以怎麼交換，這又取決於背後的對稱性。伽羅瓦發展出方程式對稱性的理論，解釋了為什麼五次方程式沒有公式解：總括來說，就是對稱性不佳。與此同時，他還發展出群論的基礎。

　　這個重大發現差點就無緣問世。1832年霍亂大流行期間，伽羅瓦從巴黎撤離到外地，並愛上了一位名叫史蒂芬妮—斐莉絲・杜摩泰爾（Stephanie-Felice du Motel）的女子，出於某個和史蒂芬妮有關的不明原因，畢許・達勒龐（Perscheux d'Herbinville）找他決鬥，日期定在1832年5月30日。悲劇發生

的前一晚，伽羅瓦匆匆寫下自己的數學發現，並且附上一份指示告訴朋友，萬一他沒活下來，該把這些發現發表在哪裡。第二天早上他與對手會面，被槍射傷，隔天身亡，得年20歲。

有史以來最大的定理？

伽羅瓦做出的成果，最終帶出了可能是有史以來最重大的數學計畫。既然組成物不同的兩個群可能會有同樣的結構（就像時鐘），數學家傾向把群看成抽象的「事物」集合，並稱這些物件為元素，而不指定那些物件是什麼東西。數學家以不同的字母表示不同的元素，而要描述群，就須寫下所有的元素如何結合（後面的專欄舉了一個例子）。於是問題變成：在一個群中，可以找到哪種結構？時鐘構成的群是循環群，重複週期是12。但其他的群，好比第5章討論過的壁紙圖樣對稱性的群，結構也許就不一樣了。通常群會包含更小的子群，子群會以各種方式關聯到包含自己的大群。那麼是否能將所有由有限多個元素構成的群分門別類？

答案是：有可能，但要花相當多力氣。有個叫做有限簡單群分類（classification of finite simple groups）的大工程，在2004年完成，有上萬頁的篇幅，分布在數百篇期刊論文中，作者超過一百位，來自世界各地。有限簡單群是其他群的組成要件，有無窮多個，但這個分類結果顯示，每個有限簡單群都屬於18個已知的族系之一，或者是26個未歸類、稱為散在群的其中之一。最大的散在群叫做怪獸群（The Monster），這個稱呼很貼切，因為

它總共有 808,017,424,794,512,875,886,459,904,961,710,757,005,75
4,368,000,000,000 個元素！

　　數學家最初在1980年代宣布完成分類，但後來發現有缺漏，又花了幾年來解決。其中一位作者邁可‧艾許巴赫（Michael Aschbacher）在2004年的文章中，表達了強烈的懷疑：「就我所知，〔我們論文中的〕主要定理填補了原始證明中的最後那道缺口，所以（目前的）分類定理可以視為一個定理。」全世界看得懂這個龐大結果的完整證明的人數，也許不到五人，儘管如此，仍有至少三個研究團隊正著手重新架構。定理或許完成了，但理解和解釋的工作仍在繼續進行。接下來，我們要從最龐大的數學證明，看向相當小的東西……

*	1	a	b	ab
1	1	a	b	ab
a	a	1	ab	b
b	b	ab	1	a
ab	ab	b	a	1

這個表格呈現的是克萊因四元群（Klein four group），這個群有四個元素：1（單位元素）、a、b 及 ab。這個表格顯示了這些元素要如何運算。譬如，a 與 ab 運算結果會得出 b。先在最左邊的欄找到 a，最上面的列找到 ab，然後看兩者共同對應的那一格是什麼元素，就是運算的結果。

ε 普遍公認非常小

……那個 ε（發音是「epsilon」）永遠是非常小的數，通常與 δ（發音是「delta」）一起出現。

42 生命萬物的解答，藏在42裡？

2013年的諾貝爾化學獎，頒給三位幫忙把化學搬出實驗室、帶到網際空間的科學家。馬丁・卡普拉斯（Martin Karplus）、麥可・李維特（Michael Levitt）和艾瑞・瓦歇爾（Arieh Warshel）發展出可在電腦上模擬複雜化學系統的方法。他們從幾個描述這些系統的相競爭理論之間，找到了最佳的平衡，也就是牛頓的古典物理——有容易求解的方程式，但無法準確描述非常小尺度的世界。以及量子物理——可以準確描述非常小尺度的世界，但需要大量的運算工作。

最初的靈感來自一種叫做視網醛的物質，顧名思義，這種物質存在於視網膜中。如今化學家為了各種目的，利用這幾位諾貝爾獎得主發展出來的工具，從製造環保車到製藥，幾乎無所不包。但根據報導，麥可・李維特還有個更遠大的雄心壯志：他想要在分子層次上模擬生物。

如果小說家道格拉斯・亞當斯（Douglas Adams）的非主

流經典科幻小說《銀河便車指南》（*The Hitchhiker's Guide to the Galaxy*）是真的，李維斯的想法或許就不會顯得那麼驚世駭俗。亞當斯在小說中，把整個地球描繪成巨大的超級電腦，建造者是來自馬格西亞星球的外星種族，想藉由這部超級電腦找出關於生命、宇宙及萬物的解答。他們已經從昔日的超級電腦知道答案是42，但卻不知道為什麼是42。因此他們別無選擇，只能回頭找出問題，才能理解答案。《便車指南》是星際旅人不可或缺的良伴，而在《便車指南》裡，只用了四個字來形容地球：通常無害。

在亞當斯的「全五冊三部曲」中提及的一些東西，自1978年首次發表以來，差不多都實現了。書中描寫的《便車指南》是裝有資料的小型電子裝置，如果把裡面的資料寫出來，可以寫滿幾個星球。這件事在1970年代想必超乎想像，但如今智慧型手機讓人隨處都能使用網際網路，這看起來就十分合理了。

科學家還沒有成功做到的（事實上距離做到還遠得很），是模擬像行星這麼複雜的系統。他們甚至無法準確模擬天氣，預測下週會發生的變化，就連經濟方面的預測似乎也不濟事。一篇發表於2013年的研究論文聲稱，澳洲儲備銀行所做的預測，準確度跟擲骰子差不了多少。

氣候是特別複雜的

那麼問題在哪裡？先撇開一切人為事物（也許碳排放除外），試著模擬地球的氣候，以便做出預測。氣候是普遍趨勢，

譬如地球上某大片區域的年均溫，而天氣是細節，譬如北倫敦哈林蓋（Haringey）星期三會不會下雨，因此預測氣候應該比預測天氣容易。科學家首先把地球表面分隔成網格狀，然後把垂直空間也劃分成網格，也就是從海底到大氣層切成一塊一塊的。結果將得出一堆方塊，每個方塊當日的氣候皆會影響鄰近方塊隔天的氣候，因為風和大氣環流會造成流動。

　　下一步是以數學方程式描述每個方塊對鄰近方塊的影響。這項工程看似艱巨，但幸好已經有關鍵的數學方程式。描述風和洋流根據的是納維—斯托克斯方程，這組方程式在19世紀中葉問世，主要是由法國工程師兼物理學家克勞德・路易・納維（Claude-Louis Navier）及出生於愛爾蘭的數學家兼物理學家喬治・加百列・斯托克斯（George Gabriel Stokes）發展出來的。有了流體流動的初始條件，這組方程式（理論上）就會告訴你流體在每個空間點及未來時間點的速度、運動方向及壓力。要描述海洋與大氣的溫度變化，則可以利用熱力學，這個理論在19世紀也已發展起來。

　　氣候模型會將這樣的方程式連結起來，以便盡可能描述更多的物理現象。後續只要將每個方塊的初始值輸入模型，讓電腦計算出明天、後天、大後天及未來每一天的氣候變化。簡單來說，以上就是氣候模型的運作方式。

又是那些蝴蝶

　　這個想法很巧妙，但要架構出複雜的全球氣候模型比看起來

困難得多。首先，牽涉到的方程式解起來非常難。納維—斯托克斯方程描述的範圍很廣，從墨西哥灣流的大尺度流動，一直到人說話所產生的微小空氣起伏皆涵蓋在內。這些方程式非常複雜，所以可以想見，答案不會就這麼蹦出來。而且不只解很難找，也沒有人知道這組方程得出的解，是否在物理上具有意義。這些方程式甚至還附帶獎金，凡是能找到解，或證明解不存在的人，就能領取克雷數學研究所準備的一百萬美元。

接下來這個難題則是提給純數學家的，因為科學家只要用近似解就足夠了。但即使是近似解，也還是需要極大量的運算能力。間距1公里的水平網格模型，要模擬未來一百年的氣候，需要的運算能力大約是每秒 10^{18} 個運算。目前還沒有這樣的技術，因此科學家採用的是比較粗疏的網格。在標準的全球氣候模型中，水平網格間距介於200公里到600公里，垂直間距是數公里。

現在的問題是，科學家遇到了著名的蝴蝶效應（請見第 $\sqrt{2}$ 章）：一隻在巴西的蝴蝶舞動一下翅膀所造成的輕微空氣擾動，會導致美國德州出現龍捲風。正是這個效應，導致他們無法預測未來幾天之後的天氣，因為天氣可能會受微小的隨機波動影響。即使氣候預測，也會受蝴蝶效應的影響。舉例來說，熱帶地區的雷雨系統雖然只有幾百公尺或數公里的範圍，但有可能影響到數千或上萬公里內的氣候變化度。

意思就是，不能忽略方塊內的任何變化。該如何做到呢？有個方法是以簡化的方式來表示當中發生的變化。比方說，也許可以假設方塊中的雲量會隨空氣中的相對溼度變化，但變化情形比實際狀況單純許多。另外還有一個令人意想不到的方法，是加一

點隨機性到模型中，也就是不以簡化的方式來表示變數，而是隨機決定變數值，有點類似擲骰子來決定。不過，準備骰子必須仔細，不同結果的可能性務必要反映出實際看見的情形。這聽起來很弔詭，但數據顯示，這些隨機模型（stochastic model）在準確度方面勝過傳統的模型。

致那些懷疑氣候變遷的人

　　無可否認，模擬氣候具不確定性，天氣預報就更不用說了。模型裡無法涵蓋所有的氣候現象，運算能力有限便會使解析度受限，還有蝴蝶效應要傷腦筋。即使增加了大量的運算能力，蝴蝶效應仍然不會消失。提出這個說法的勞倫茲（請見第 $\sqrt{2}$ 章）證明了，從雲層裡的小小亂流到大型噴流，不同尺度下的氣候現象會相互影響，就算初始觀測結果的精確度提升到一定的程度，對於預測準確度的助益也微乎其微。

　　由於氣候學家發布的預測通常很令人恐慌，懷疑氣候變遷的人士很喜歡指出這些不確定因素。然而他們沒有提到，氣候科學有很大一部分就是量化、理解這種不確定性。政府間氣候變遷專門委員會（IPCC）的科學家運用不同模型的複雜組合，再根據未來大氣中溫室氣體濃度隨著人類行為可能產生的四種變化，仔細分析這些模型做出的預測。氣候學家非常小心，用機率值來陳述他們的預測，而不是用確定程度。

　　這些預測結果仍然令人憂心。根據IPCC的第五次評估報告，除了最樂觀的情況（溫室氣體排放量到2070年左右降至零）

之外，其餘情況下都有至少66%的機率，到2100年時全球地表平均氣溫的增幅將比1850～1900年間高出1.5℃。甚至在兩個溫室氣體濃度較高的情況中，升溫高出2℃的機率超過66%。2℃這個數字是公認的升溫臨界值，一旦超過就事態嚴重了，但即使是1.5℃，也有可能為世界上某些地區帶來災難。66%絕不是肯定會發生，但如果你認為這還不夠肯定，那麼你不妨自問，你會不會去搭一架失事機率66%的飛機？

建構大腦

如果氣候很難準確模擬，那麼人類大腦呢？大腦是人類生命中最少不了的部分，組成大腦的神經細胞叫做神經元，神經元之間的連結稱為突觸。完整的腦神經網路接線圖是每位神經學家的夢想，但很不幸，這個網路實在太大了。據估計，人腦大約有850億個神經元，由超過100兆條連接線連結起來，更驚人的是，連結會移動變化，所以完整的人腦模型只存在於科幻作品裡。

但這不意味著要放棄，畢竟大腦不僅僅是一大團神經元，而是細分成不同區，執行不同的功能，神經元也區分成許多不同的類型。所以，就算無法模擬出腦的所有細節，至少可以嘗試了解腦的組成與大尺度結構。

有趣的是，大腦神經網路的連結性，似乎和生命及自然界其他領域中的網路相近。2011年，劍橋精神病學家艾德·布摩爾（Ed Bullmore）在劍橋科學節的演講中，為此做了最佳的示範。

他請推特使用者在演講期間以特定的主題標籤發推文，演講之後，他展示了一張圖，上頭顯示附標籤貼文的連結性。這個自然生成、未經刻意設計的網路，展現出第6章介紹過的特質：它是個小世界網路。更有意思的是，它由幾大區塊組成，每個區塊中的節點彼此緊密相連，而與其他區塊的節點則只有稀疏零落的連結。

　　許多研究顯示，人腦也具有這兩個特性：它是小世界網路，而且由鬆散相連的個別模組組成。這在生物演化上是有道理的。小世界網路的節點之間的平均距離比較短（距離的計量方式，是以一個節點到另一個節點所需跳過的節點數），如此一來，訊息很容易就能在整個網路流動，所以資訊傳遞效率是全域的。不過，小世界網路的結構也意味著，會有明顯的局部群聚現象，也就是鄰居的鄰居彼此往往也是鄰居。所以讓訊息在局部鄰近區域四處流動的方式很多，因此也有局部效率。大腦的模組化（意思是由區塊組成）之所以有道理，是因為這樣一來，模組就能一次改一個，不會危及其他模組的功能；這個特點對於需要適應、演化及改變的系統而言極為重要。

　　資訊傳遞固然很重要，但大腦還面臨了一個問題：它在代謝上需要很高的能量；推特網路則避開了這個問題。人腦大約占了身體質量的2%，卻消耗掉20%左右的能量開支，大部分是耗費在把訊息傳遞給突觸上，這就表示，大腦面臨的情形很類似電腦晶片的電路，勢必要有所取捨：一方面必須設計得夠複雜，以確保高效能，另一方面又得讓布線成本降到最低，也就是讓所有連線的總長度最少。

　　有趣的是，電腦電路的設計師與設計大腦的大自然，逐步發展出相同的方案來解決這個取捨的問題。布摩爾與同事所做的研究顯示，兩種網路都遵循同一個出乎意料的數學關係式，這個關係式是1960年代IBM的員工蘭特（E.F. Rent）在電腦電路中發現的，與電路的模組化本質有關。假設你切穿幾條連結，把網路劃分成幾個區塊，每個區塊約含 N 個節點，那麼把各區塊連到網路其他地方的連結數 C，差不多等於：

$$C=kN^p$$

　　k、p 是此一網路的特徵，不會隨個別區塊或 N 這個數字而變化。k 是整個系統中每個節點的平均連結數，而 p 稱為蘭特指數（Rent exponent），介於0到1之間，而高效能電腦電路與人腦的 p 值，通常都接近0.75。

　　有意思的是，電腦晶片設計師著手設計電路時，並沒有明確地按照這個法則，相反的，似乎是因為網路必須夠簡單才有辦法建構，而漸漸發展出這個法則。在完全隨機、節點連結方式呈現不出任何結構的網路中，C（從某一區塊連到網路其他地方的連結數）會和 N（區塊中的節點數）成正比，也就是區塊中節點越多，連結也越多。關係式為：

$$C=kN$$

　　換句話說，隨機網路的蘭特指數 $p=1$。

　　然而，不管是大自然還是電腦晶片設計師，都不會用隨機的方式架構網路。按照模組一一架構起來，巧妙地配置及接線，盡

可能讓連線長度減到最短，是更好的做法。而較利於短距離通訊、不利於長距離通訊的階層式設計程序，似乎會使蘭特指數變小。

如此看來，大自然與電腦科學家遇到相似的問題，而且運用了類似的解決方案。力學上有個叫做最小作用量原理的準則，即所有的物理系統，包括環繞太陽的行星和傳說砸到牛頓頭上的蘋果，都會選擇花最少力氣的方式。利用這個原理可以推導出基本運動定律。有些人認為，蘭特法則是資訊處理方面的基本定律，是最小成本原理的結果。不過，是否真是如此，則需要對資訊的本質做更多研究才有辦法確定。

我們住在模擬現實中嗎？

科學家目前無法模擬大腦、氣候，更別說整個地球了，但現代人卻有可能生活在未來人類甚至外星人進行的電腦模擬現實中，很令人震驚吧。事實上，假設科技一直發展下去，而後代子孫對模擬大自然同樣感興趣，這種可能性就會日益升高，除非人類在進步到那種程度之前先滅絕了。類似的立論，促使哲學家非常認真地看待這個聽起來古怪的*模擬假說*，認真到讓大多數人覺得不太舒服。

那我們要怎麼分辨呢？有個方法是，假設未來的超高智商後代，是根據現代物理學家模擬基本粒子交互作用的方法，來做宇宙模擬。由於他們對理論更加了解，加上前所未有的運算能力，也許他們不但能夠模擬太空中的微小區域，還可以模擬整個宇

宙，甚至好幾個宇宙。現有的技術是把時空分割成網格，就像氣候模型切開地球與大氣層的做法。而生活在此一模擬現實中的人，可能察覺不到網格的存在。2012年，物理學家塞拉斯・比恩（Silas R. Beane）、佐赫拉・達佛迪（Zohreh Davoudi）和馬丁・薩維吉（Martin J. Savage）提出了測試這個假說的一些方法。如果現代人生活在這樣的像素化人造宇宙裡，高能宇宙射線在穿越太空時，應該會讓潛藏的網格曝光，而且宇宙射線不會在四面八方都產生同樣的交互作用，那是沒有網格的情況才會發生。要是觀測的結果不像有網格，那我們就不是生活在模擬世界中；倘若情況相反，就無法排除這種可能。

　　不過，無論最後觀測到哪種情況，都不算證據確鑿，我們仍然有可能活在外星人進行的模擬現實中，就像《銀河便車指南》描寫的，他們採取了全然不同的技術與科學方法。在《銀河便車指南》中，地球原本的使命是找出關於生命、宇宙及萬物的終極答案的原始問題。但在達成使命之前，就以修建超空間快速道路為由被摧毀了。有兩個地球人逃過一劫，他們繼續歷險，甚至跑到宇宙盡頭的餐廳吃晚飯，而那樣的高級餐廳可能不會供應接下來即將討論的食物。

43 請特製一份43塊的麥克雞塊給我

跑去知名速食店買那個自稱雞肉的金黃色東西時，大致會有幾種選擇：一盒6塊、9塊或20塊。如果你想吃15、33或38個雞塊，那麼算你運氣好，這幾個數字都可以寫成6、9、20的總和，稱為「麥克雞塊數」。然而，如果你想吃11、16或43個雞塊，可就要失望了，因為這幾種盒裝的組合都湊不出你想吃的數量，所以這些數字叫做「非麥克雞塊數」。

數字43有個殊榮，它是最大的非麥克雞塊數。任何整數只要比43大，都可以由適當的盒裝組合買到（也許有些盒裝會重複）。不過，自從這家知名速食店推出4塊裝的麥克雞塊後，最大的非麥克雞塊數就變成11了。但在（某些）數學家的心目中，43仍然保有特殊的地位，是絕無僅有的最大非麥克雞塊數。

和雞塊數類似的問題，也出現在其他的情況中。如果你是英國的收銀員，手上只剩下2便士、10便士及20便士的硬幣，其餘的都用完了，你可能會想知道現有這幾種硬幣可以湊出哪些零

錢金額；在英式橄欖球賽中，問題就變成，3分、5分或7分的個別進球得分，可能產生哪些比數。這兩個例子裡都有一些小數字，是你用所給的數字沒辦法加出來的，譬如硬幣例子中的1便士，或橄欖球例子中的2分。但就像雞塊的例子，只要數字夠大，就一定可以由已知數字產生嗎？而任何一組數字，都會有最大非麥克雞塊數嗎？

答案是有，但所給定的數字必須恰到好處。在硬幣的例子中，給定的數字2、10、20都是偶數，而偶數相加還是偶數，所以沒辦法產生奇數。既然沒有最大的奇數，就不會有最大非麥克雞塊數。如果給定的數字都是3、4、5或其他大於1的整數k的倍數，也是同樣的情形，任何總和都會是k的倍數，而既然沒有整數k的最大倍數，同樣也不會有最大非麥克雞塊數。

不過，如果給定數不全是大於1的整數k的倍數，而且這些數互質*，那麼就像英式橄欖球的例子，數學上可以證明永遠會有最大非麥克雞塊數。在英式橄欖球的例子中，最大非麥克雞塊數是4，這表示大於4的比數理論上都是可能的。

把數字描述成其他數的總和看似簡單，但就像數論上經常發生的，簡單的問題可能轉眼就變得難以處理。在雞塊的例子中，一組給定的互質整數，只有在不超過兩個數的情形下，才有公式可以計算最大非麥克雞塊數。假設這兩個數為n_1和n_2，對應的最大非麥克雞塊數就是：

---

* 如果兩個或兩個以上整數的最大公因數是1，則稱它們為互質。

$$n_1 n_2 - n_1 - n_2$$

（除非 n_1 或 n_2 的其中一個是 1，在這個情況下，另外一個數顯然可以是任何正整數，而最大非麥克雞塊數都是 0）。一旦給定的數字超過三個，就沒有已知的公式解，而必須靠電腦演算法來找出最大非麥克雞塊數。

讓我算一算……

你當然可以把問題顛倒過來，不問把給定的正整數相加能產生什麼數，而是問：把某個數寫成任意正整數的總和的方法有多少？舉例來說，數字 $n=5$ 可以寫成：

5
4+1
3+2
3+1+1
2+2+1
2+1+1+1
1+1+1+1+1

所以，把 5 寫成正整數和的方法有 7 種，每一種都稱為 5 的分拆（partition）。隨著數字 n 變大，分割數目——稱為分拆數 $p(n)$——顯然也會變大，而且增加得相當快。譬如 10 的前幾個乘冪的分拆數是：

$$p(1)=1$$
$$p(10)=42$$
$$p(100)=190,569,292$$
$$p(1,000)=24,061,467,864,032,622,473,692,149,727,991$$

客觀來看，最後一個數1,000的分拆數大於2.4×10^{31}，共有32位數字。再下一個乘冪的分拆數$p(10,000)$則會超過3.6×10^{106}。目前已計算出分拆數的最大數字是10^{19}，運用很複雜的運算技巧才能計算，而答案$p(10^{19})$是超過35億位數的超大數字。一個數的分拆數定義起來雖然簡單，但實際運算很快就會失控。所以問題很顯然在於，我們能不能駕馭這些意想不到的脫韁之數？

分割與五邊形

這個問題引起歐拉的注意，前面已經多次提起這位多產的瑞士數學家。歐拉發現了很巧妙的方法，可以從比n小的整數的分割數，算出n的分拆數$p(n)$。

演算過程看起來不太合邏輯，首先是$p(0)=1$，接著是：

$$p(1)=p(0)=1$$
$$p(2)=p(1)+p(0)=2$$
$$p(3)=p(2)+p(1)=3$$
$$p(4)=p(3)+p(2)=5$$

到目前為止，很像費波納契數列。但接下來是：

$$p(5)=p(4)+p(3)-p(0)=7$$
$$p(6)=p(5)+p(4)-p(1)=11$$
$$p(7)=p(6)+p(5)-p(2)-p(0)=15$$

現在是什麼狀況？事實上，這個看似隨機加減前面各個分拆函數值的背後，是個巧妙的遞迴算式，這個算式的基礎是*五邊形數*。五邊形數是指，要畫出一個比一個大的套疊五邊形所需的點數，如下：

前四個五邊形數：1、5、12、22

不必畫出五邊形，利用算式就可以生成這些數。其實不像乍看起來那麼奇怪，你在小學的時候就學過怎麼利用算式 n^2 產生*平方數*。五邊形數的算式是：

$$\frac{(3n^2-n)}{2}$$

當 $n=1$、2、3、4時，就可以算出上圖顯示的前四個五邊形數（有1、5、12及22個點）。如果令 n 為任意整數，不論正負，就會得到*廣義五邊形數*：

1, 2, 5, 7, 12, 15, 22, 26, ...

也就是令 n 為 1、−1、2、−2、3、−3、4、−4等，以此類推。

歐拉利用這些廣義五邊形數，來定義任意數字 n 的分拆數的遞迴公式，而且非常簡單：

$$p(n)=p(n-1)+p(n-2)-p(n-5)-p(n-7)+p(n-12)+p(n-15)-\ldots$$

從這個遞迴公式可以算出分拆數的精確值。不過，計算前幾個分拆數，這個公式極其有用，碰到任意大的數的分拆數就行不通了——需要的運算量很快就會飆高。

分拆模式

繼歐拉之後，分拆數持續吸引著數學家，也包括業餘數學家，因為人人都知道怎麼把數字相加，所以這個問題有很多嘗試空間，甚至還可能做出新發現。在20世紀初，這個問題引起一位業餘數學家注意，後來發現他的才智遠勝過同時代的許多專業數學家。

斯里尼瓦瑟・拉馬努金（Srinivasa Aiyangar Ramanujan）於1887年出生在印度馬德拉斯（現在的清奈）西南方400公里外的一個小村莊。他的數學才華很早就嶄露出來，15歲時已想出四次方程式的解法，他研究的數學問題遠遠超出同班同學解答的問題，但因為他幾乎沒花什麼心思在數學以外的科目，所以進不了大學，只能在窮困中持續自學。不過，印度數學圈很快聽聞他的天分，因此透過一位著名數學家的幫助（對方形容拉馬努金是

「粗魯的矮個子，矮胖，滿臉鬍碴，不過度乾淨」），他終於在馬德拉斯港信託機構的會計部門謀得一職。

他在工作期間寫了一封信，從此改變他的人生。這封信寫給著名的劍橋數論學家哈代（第2章介紹過），信裡附上了幾個數學結果，有些是原創的，有些是重新發現，很多非常困難，而根據哈代的說法，有些看起來「很新而且重要」。拉馬努金沒有提供任何證明，顯然沒接受過正式訓練，但這個看似自學的天才卻深深吸引哈代，於是他邀請拉馬努金到劍橋。1914年，拉馬努金前往英國，從此兩人展開數學史上最引人矚目的合作。

拉馬努金對很多題材感興趣，正整數的分拆就是其中之一。理解分拆的最終目標當然是要找到更簡潔的算式，用單獨一行數學方程式，算出正整數n的分拆數$p(n)$。拉馬努金還不算成功，但他和哈代找到了一個可算出近似答案的公式。稍後在1937年，漢斯·拉德馬赫（Hans Rademacher）把他們的方法改得更完善，成功做出了分拆數的精確公式。這個公式雖然精確，卻極為複雜，牽涉到無窮級數，而且仍然需要大量的運算才能算出大數的分拆數。因此實際執行時，只能採用公式的近似版（把無窮級數截斷，四捨五入），產生近似值。

此後超過七十年，在2011年，美國數學家肯恩·歐諾（Ken Ono）和德國數學家揚恩·布魯尼耶（Jan Bruinier）才終於發現一個有限的分拆數公式。而且令人欣慰的是，他們用到的數論結構，稱為仿模形式（mock modular form）和馬斯形式（Maass form），就源自拉馬努金去世前幾個月寫給哈代的最後一封信上記錄的神祕數學。

　　拉馬努金在數論上還有許多其他的重要貢獻，包括黎曼ζ函
數方面的研究，這個函數在著名的黎曼假設中具有很重要的作用
（請見第2章）。可惜他的一生太過短促，他從年少時期就有健康
問題，旅居劍橋期間又因為水土不服，健康狀況惡化。拉馬努金
在1919年返回印度，隔年去世，得年32歲。他是數學史上最偉
大的印度數學家之一。

60 仰望星空的時候，你更需要數學

　　下次有人問你數學有什麼用，你可以指一指手錶或地圖。一小時分成60分鐘、一分鐘分成60秒，或經緯一度等於60分、一分等於60秒，這是巴比倫人選擇60當作位值數系底數的後果（見第0章）。雖然我們不知道為什麼巴比倫人選擇60，但結果顯示，這個選擇對分數及比率的計算特別有用，因為60有很多因數。事實上，60是有12個因數的最小數（這些因數分別是1、2、3、4、5、6、10、12、15、20、30、60），小於100的數中，沒有其他數有更多的因數。60是高合數，也就是任何比60小的數的因數，都沒有60多；最早（1915年）定義並研究這個概念的正是拉馬努金。

　　把這個系統跟現代人熟悉的十進位制比較，更顯得方便。十進位制（以10為底數）的分數如果不是化成有限小數，像 $\frac{1}{5}$ =0.2，就是結尾出現循環節的無限小數，像 $\frac{2}{9}$ =0.2222...。以其他數為底的數系，譬如六十進位制（以60為底數）也是如此，

分數 $\frac{a}{b}$（最簡分數的形式，a 和 b 不能再用公因數來化簡）若非有限展開式，就會是以循環節結尾的無限展開式。只有在分母 b 與數系底數有相同因數的情況下，展開式才會是有限的，因此以十進位制來說，10 只有 4 個因數（1、2、5、10），所以分數的分母是 2 和 5 的乘積，才能化成有限小數，而在六十進位制，則有更多空間。這就表示，許多在十進位制下會化成無限小數的有理數（見第 $\sqrt{2}$ 章），在六十進位制下卻是有限的展開式（表格中小數點的位置寫成分號「;」，並用逗點區隔小數位數）。

　　下面這幾個分數中，$\frac{1}{3}$、$\frac{1}{6}$ 和 $\frac{1}{9}$ 的十進位無限小數展開，都可以寫成六十進位的有限展開。

分數	十進制小數	六十進制小數
$\frac{1}{2}$	0.5	0;30
$\frac{1}{3}$	0.333...	0;20
$\frac{1}{4}$	0.25	0;15
$\frac{1}{5}$	0.2	0;12
$\frac{1}{6}$	0.1666...	0;10
$\frac{1}{7}$	0.142857142857...	0;8,34,17,8,34,17...
$\frac{1}{8}$	0.125	0;7,30
$\frac{1}{9}$	0.111...	0;6,40
$\frac{1}{10}$	0.1	0;6

60這個數系提供巴比倫數學家非常高的準確度,比方說,他們取 $\sqrt{2}$ 的近似值取到三位小數是:

$$\sqrt{2} \approx 1 + \frac{24}{60} + \frac{51}{60^2} + \frac{10}{60^3}$$

可以準確到第六位小數。直到三千多年後的文藝復興時期,才有其他文化做出更準確的近似值。正因如此,許多古代數學家使用的是巴比倫人的數系,而不是相對較差的希臘數碼(第0章介紹過,希臘數碼甚至不是位值數系)。西元前二世紀,托勒密(Ptolemy)希望做出準確度更高的天文計算及觀測結果,於是依照巴比倫人的做法,把圓的360度細分成60分,再把每一分分成60秒。

時間與空間

雖然愛因斯坦以1905年狹義相對論中的時空概念享有盛名,但時間與空間在人類歷史上一直是密不可分的。人類對於時間流逝的最早認知,是透過天體(太陽與月亮)在天空中移動。

如果你盯著星星看一段時間(或是拍攝一張極美的縮時影像),很多星星會看起來像是在夜空中畫出圓形軌跡。因此,不難想像人類起初以為眾星固定在繞地球旋轉的巨大天球上,之後又認為地球也在天球內旋轉。夜間計量時間流逝的方法之一,是看星星移動,而季節則根據太陽與月球在天球上星座(黃道帶)的位置來預測。所以,天文學對於人類理解時間流逝是非常重要的,而天文學其實就是探討星辰移動的數學研究及預測。

天文學對於航海也非常重要，現代人熟悉的經緯度，最早是古希臘天文學家暨數學家希巴克斯（Hipparchus）定義的，他是西元前二世紀的人，生活在希臘和埃及。除了親自做過許多天文觀測，他也利用巴比倫天文學家的星表（製於西元前120年到希巴克斯的時代）。希巴克斯從匯集而來的觀測結果，非常準確地算出一整年的長度，誤差只有6.5分鐘。

從星辰看緯度

夜空中唯一的定點，就是那些與地球自轉軸（或天球旋轉軸）成一直線的點。北極星差不多在北極的正上空，可是卻沒有同樣顯眼的南極星。要尋找南天極，你必須找出兩條假想直線的交點，一條是穿過南十字座長軸的直線，另一條是兩顆南天指極星的垂直平分線。

希巴克斯計算出，地球上某個位置的緯度剛好就是北極星（或南半球的南天極）的地平線仰角。如果你在北極，北極星會在你的頭頂正上方，與地平線成90度角，而在赤道看，北極星幾乎就在地平線上。事實上，在北半球的任何位置，北極星的仰角都恰好等於從赤道看這個位置的角距，一點簡單的三角學即可說明。

首先簡化成二維的平面，只看切過北極和觀者在地表位置 P 這兩點的圓。北極星在北極的正上方，可是離地表實在太遠了，所以可以把從北半球任一點看向北極星的視線，當作與北極到北極星的鉛直線平行。如果觀者朝北方望向地平線，視線就會與地

球相交於自身所在的位置P，並與指向北極星的鉛直線產生一個夾角，稱為 θ。

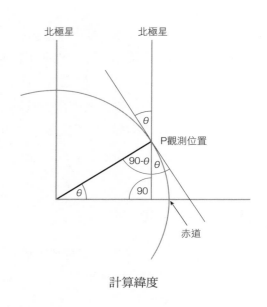

計算緯度

地球在P點的半徑，與看向地平線的視線成直角，因此，在P點的半徑與指向北極星的直線的夾角必為（90−θ）°。這個角與另外兩角構成了一個直角三角形，它的第三邊是從地心連到赤道（圖中的水平線），與切過北極星的鉛直線形成直角。這麼一來，從赤道看P點的角距，即P點的緯度，就等於水平線與過P點的半徑之間的夾角。由於直角三角形的另一個角是（90−θ）°，從赤道到P點的角距剛好就等於θ，也就是北極星的地平線仰角。

經度時間

至於經度，希巴克斯提出了完全合理的建議：時間相同（因太陽照射位置相同）的地方，應該在同一條經度線上。不過，因為沒有準確可靠的計時器，這個簡單的定義反而不能實際運用。事實上，將近兩千年來天文學家和航海員一直無法準確算出經

度，不計其數的生命因此葬送大海，也耗費了無數的金錢。著名的例子是1707年夕利海難事件，有四艘皇家海軍船艦在夕利群島附近失事，超過1,400名船員喪生。造成船難的主因不是天候惡劣，而是船員沒辦法確切知道自己的方位。

許多航海國家，包括16世紀的西班牙、17世紀的荷蘭和18世紀的英國，都提供了大量資金給能夠解決經度問題的人。而最後提出解答的，卻不是那些想要解決這個問題的重量級科學家和數學家，諸如伽利略、卡西尼、虎克、牛頓、雷恩爵士等，反而是一位英國鐘錶匠，名叫約翰‧哈里森（John Harrison）。哈里森研製出一個非常巧妙的鐘（外形很像特大號的懷錶），不需依靠鐘擺，所以在海上可以保持準確。

一旦有了準確的計時方法，要計算經度就相當容易了。地球每24小時自轉一整圈（360度），因此每小時會旋轉大約15度。贏得經度戰爭的獎賞之一，是宣稱自己有本初子午線的所有權。本初子午線就是0度經線，後來決定通過倫敦的格林威治。如果你把時鐘設定成格林威治標準時間（GMT，或譯為格林威治平均時間，是由太陽照射而定出的格林威治地方時），在格林威治正午時分，太陽即位在天頂（太陽在天空中的最高點）。但同一時間在不同的經度，比方說東經15度（德國的某個地方），太陽已經通過天頂，朝地平線的方向偏了15度。在格林威治標準時間的正午，你可以從自己所在地的太陽距離天頂的角度，來算出你所在的經度。如果你在格林威治以東，太陽已過天頂；如果在以西，就還沒到天頂。計算過程其實有點複雜，這裡只說明一般原則。

我在哪裡？

　　利用星星和時鐘，就可以定出你在地球上的位置，但如果沒有另一項偉大的導航工具：地圖，這個資訊也無用武之地。地圖也帶來了不少數學難題，主要是在於地球是球形的，而地圖是平面的。把球體的表面呈現在平面紙張上的唯一方法，就是變形。你如果不相信，可以剝一顆橘子，想辦法讓橘子皮保持完整，自然狀態下它一定會維持圓弧形，如果你試圖把橘子皮攤平，結果不是弄斷，就是得往某個方向上拉長擠壓。

　　因此，任何一種地球的平面地圖都有部分失真。大家最熟悉的是麥卡托投影法，是以法蘭德斯製圖師，傑拉杜・麥卡托（Gerardus Mercator）命名。這種投影法的基本概念，是把地球（應該說縮小版的地球）放進一個直立圓筒，讓赤道與筒面相切，北極直指上方。

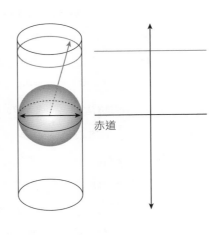

赤道

而地球上任一點 x，都能與地心連成一直線，接著把這條直線延長，與圓筒相交於某個點 y；這個 y 點就是 x 點的投影。利用這種方法，就可以在圓筒上描繪出各大洲和國家的輪廓，然後把圓筒切開，展開成一張平面。

　　此法在極點附近會出現問題。愈靠近北極的地方，投影出來

的點愈靠近圓筒頂端，而愈接近南極，投影點會愈往圓筒底部
跑。要投影整個地球，將需要無限長的圓筒。而極點則根本不會
出現在圓筒上，因為地心與極點的連線與圓筒平行，永遠不會相
交。

　　麥卡托投影法是圓筒投影的變體，它確保角度忠實呈現在地
圖上，不過極點的問題仍然存在，所以麥卡托投影法並不包含極
點及周邊區域。這種投影法最棒的優點是，固定方位線（譬如朝
正東方向前進的線）會對應到地圖上的直線。這就表示，如果你
想從 A 地航行到 B 地，只要在地圖上畫出兩地間的直線，並從這
條線與赤道（或任何一條緯線）的夾角，就可以知道自己的南北
方向，而從它與格林威治子午線的關係，即可知東西方向，接著
利用羅盤導航，就能朝著你要的方向前進。只要沿途確保羅盤指
針不偏移，不要撞上島嶼，就會到達目的地。

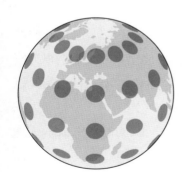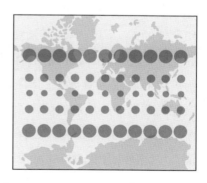

麥卡托投影法。灰色圓圈對應到地球上等面積的圓圈。

　　麥卡托投影法的缺點則是，極點附近距離會拉長，使得靠近
極點的地方看起來比實際上大很多。在標準投影圖上，格陵蘭看

起來比非洲還要大，但實際上非洲是格陵蘭的14倍多！從政治上看，這會產生尷尬的後果。因為歐洲和北美洲碰巧都位在赤道以北、距離較遠的位置，變形之後，相對於赤道帶看起來比實際上大很多，因此在文化經濟歧視之外又加上了製圖歧視。

　　還有其他幾種投影法，致力於改變這種不平衡的狀況。高爾—彼得斯投影（Gall–Peters projection）忠實呈現了地區的相對面積（看到歐洲原來這麼小，你會大吃一驚），但大幅扭曲了形狀。在赤道附近的形狀會水平擠壓，垂直拉長，兩極點附近則恰恰相反。有赤道通過的洲看起來是瘦長的，因此有人把這種投影法比喻為晒衣繩，一些國家掛在上頭等著晾乾。

你在這裡

　　現代人幾乎不再依賴紙本地圖了，靠著智慧型手機上的地圖和定位能力，導航準確度全盤改觀。手機的GPS（第4章介紹過的全球定位系統）最初是由美國國防部發展出來的，僅供軍方使用，然而為了因應慘重的導航災難，譬如1983年，有一架民航機在偏離航線誤飛進前蘇聯領空時被擊落，短短幾年後每個人都可以使用GPS了（美國政府的這項政策，與三百多年前英國議院為了因應海軍船艦失事而頒布的《經度法案》如出一轍）。起先GPS設備很貴又笨重，但近年來尺寸已經縮小了，價格也降低了，現在很多人的車上都裝有GPS衛星導航，甚至連一般大眾隨身攜帶的手機或相機都有GPS功能。

　　這個系統仰賴31枚環繞地球的GPS衛星組成的網路，不論

何時何地都有至少4枚衛星在頭頂上。你可以精確預測出這些衛星的軌道，隨時都能準確得知衛星的位置。因為這些衛星不斷發送訊息，提供訊息傳送時的時間和衛星所在位置，（手機上或其他載具的）GPS接收器會注意接收這些訊息，算出訊息從衛星傳送到手機上所花的時間，然後只要利用你熟悉的方程式即可：

行進距離＝速率 × 時間

這些訊息其實是以光速（大約每秒30萬公里）行進的無線電波訊號，因此，假設訊息花了0.06秒傳到你的手機，你和衛星的距離就是0.06×300,000＝18,000公里。你的手機從這個資訊將會得知，你位在一個半徑18,000公里的球面上，這個球面的中心正是衛星送出訊息時的位置。

為了進一步縮小位置範圍，你的手機還會接收另外兩個衛星發送的訊號（要記得你的頭頂上隨時有至少4枚衛星），並針對每個衛星的訊號做類似的計算。於是能知道你在3個球面上，分別以3個衛星為中心。通常2個球面會相交於1個圓，第3個球面又會與這個圓相交於2個點，由於2點之中只有1個點在地球上，所以只要3個衛星就能夠定出你的位置。

最先進的GPS技術就是這麼簡單，只不過是讓球面相交，再利用速率、距離、時間的基本關係式，就能定位。如果你改用地球上的發射機來定位，而不是衛星，則更容易，因為這種方法會把問題簡化到兩個維度，只需要讓圓相交，而不必讓球面相交。

無可否認，在現實世界裡還會遇到幾個小麻煩。否則3枚衛

星就足以定位,為什麼隨時要有至少4枚衛星呢?麻煩就在於,時間必須極其準確。衛星使用的原子鐘,誤差是每一百年不到1微秒(百萬分之一秒),但原子鐘實在太昂貴、太笨重了,無法裝入每個手機和衛星導航中。相較之下,與其用3個精準的測量值定位出你的位置,不如用4個或更多個較不準確的測量值找到。

你在哪裡?

圓是一種圓錐曲線,也就是把一個平面切過對頂圓錐所得到的曲線。如果你在黑夜裡玩過手電筒,就一定看過這些曲線。拿手電筒筆直照向天花板,會產生一片圓形的亮光,它的大小會隨著你把手電筒拿遠拿近而變大或縮小。天花板的作用就像是切過手電筒光錐的平面,如果天花板與光錐的中心軸垂直,就會產生一片圓形的亮光。如果你把手電筒傾斜一點,圓形就會變形成橢圓,傾斜的角度再大一點,光線會突然橫過天花板,跑向無窮遠(如果你有個非常大的房間),並產生一種叫做雙曲線的形狀。而光線從橢圓傾斜到雙曲線的途中(就在你把手電筒傾斜成讓光錐的側面與天花板平行時),會產生拋物線。

這個曲線家族中的每一種曲線都有個幾何描述,賦予其迷人的數學性質。圓就是所有與圓心(圓的焦點)等距離的點所構成的集合。你可以把圓想像成橢圓的特例,橢圓的焦點不只一個,而是有兩個。橢圓是與兩個焦點的距離總和永遠相等的所有點構成的集合(在下頁圖中,任一點的$x+y$都等於常數c)。雙曲

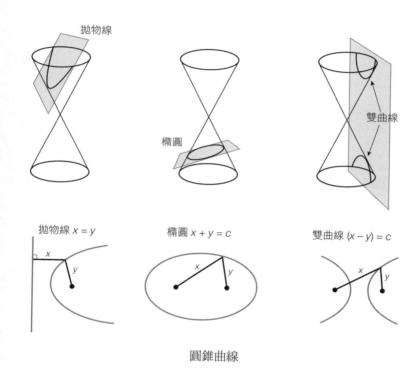

拋物線

橢圓

雙曲線

拋物線 $x = y$

橢圓 $x + y = c$

雙曲線 $(x - y) = c$

圓錐曲線

線也有兩個焦點，但從雙曲線上的點到兩個焦點的距離差永遠相等，即 $|x-y|=c$（兩條豎線代表絕對值，必要時能把負值變成正的）。拋物線則由一個焦點與一條直線定義，這條直線稱為準線（如上方左下圖中的那條直線），拋物線上每一點到焦點的距離，都與該點到準線的距離相等。

　　幾千年來，圓錐曲線一直令數學家著迷不已。早在西元前300年，希臘數學家歐幾里得和阿基米德就開始研究圓錐曲線。阿基米德運用拋物線的一個特別有用的性質，設計出一種熱輻射線，讓敵軍船隻起火燃燒。以平行於對稱軸的方向入射到拋物

線的射線（光線、聲波或其他能量），會從拋物線反射，聚於焦點，因此這些射線合起來的熱能或聲波都會集中到焦點上。阿基米德提議把許多鏡子排成拋物線形，這樣就能收集太陽的熱能，聚集在拋物線的焦點上。如果一艘船（希望是敵船）位在這個鏡子組成的大型拋物線的焦點上，就會接收到太陽熱能的全副威力，然後（但願能）起火燃燒。

　　拋物線的這個性質在現代應用更為廣泛，主要是在衛星和望遠鏡天線上。這些拋物線形的天線能收集微弱的入射線（不管是來自遙遠恆星的光波和無線電波，還是你最喜歡的衛星電視節目的傳輸訊號），把訊號集中到位於天線焦點的接收器上。

　　雙曲線也有個更現代化的用途，和GPS的功能沒什麼不同。假設你想為某個目標定位，而該目標會發送訊號。你在分隔兩地的兩個接收器接收到訊號（也許是無線電傳輸、求救信號或只是求救的呼喊），這個訊號

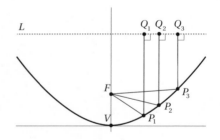

射線集中在拋物線的焦點上

從目標行進了一段未知的距離（x）到第一個接收器，也走了一段未知的距離（y）到第2個接收器。如果這兩段距離一樣長（$x=y$），那麼訊號就會同時抵達兩個接收器。然而，目標更有可能離其中一個接收器比較近，所以訊號傳送到兩個接收器的時間會出現細微的差距。把這個時差乘上訊號的行進速率，就能算出目標與兩個接收器的距離差距：$|x-y|=c$。這表示目標落在一條

雙曲線上，這條雙曲線滿足
$|x-y|=c$，而且以兩個接收
器的位置為焦點。

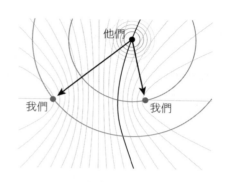

　　如果你用3個接收器接
收目標發出的訊號，就能利
用這個程序把目標定位在3
條雙曲線（接受器兩兩配
對，能畫出3條雙曲線）的
交點。這個技術（叫做**多點
定位**）之所以非常重要，是

訊號送到兩個接收器的時間差，可用
來確定目標位在一條以兩個接收器為
焦點的雙曲線上。

因為即使目標不知道你在聽，或其實不想被你發現，也無所遁
形。現今除了用於飛航管制及搜救任務，這個技術也一直用於祕
密監視，像是第二次世界大戰期間，軍人藉由敵方砲火聲來確定
敵軍大砲的射程。

　　所以，你可以想辦法躲藏，但數學可能會找到你。你想不想
冒那個險呢？

100%　靠機率讓猴子打出《莎士比亞全集》

　　早上我看著窗外灰濛濛的天空，不敢相信天氣預報說今天降雨機率只有1%。在英國，這個數字不管一年四季都顯得過於樂觀，更不用說陰沉沉的九月天了。儘管天氣預報有技術上和數學上的複雜度，大家也都知道天氣預報不準，但這是個很好的例子，說明天有不測風雲，而且經常就在下雨天忘記帶傘。

　　生活中的每一天，你都要跟機率、風險和偶然打交道。你可能要決定吃或不吃某些食物，因為研究顯示這些食物會增加或減少罹患疾病的機會。最著名的例子就是抽菸，在近一百年間，抽菸從原先被視為無傷大雅的舉動，變成增加肺癌風險的元凶，但你總會聽到有人抽了大半輩子的菸還活到103歲。

　　機率到底要怎麼衡量呢？有個方法上溯到17世紀，當時有一位賭徒提出質疑，讓布雷·巴斯卡（Blaise Pascal）、費馬（提出著名的費馬最後定理的那位；詳見第$\sqrt{2}$章）等人發展出關於機率的數學。原始的想法是要研究賭局安排的對稱性，以銅板為

例,它有正、反兩面,除非某種原因讓它變得不平整或不規則,不然的話,丟銅板的結果不管哪一面朝上的機率都是相等的。意思就是,你有50%的機會(或 $\frac{1}{2}$ 的機率)丟出正面。同樣的道理也能解釋中樂透的機率:從49個號碼選出6個,大約有1,400萬種組合(精確的數字是13,983,816),所以可能的結果就有這麼多種。假設所有的結果簽中的可能性皆相同,也就是開獎機不會偏袒哪顆號碼球,那麼中獎機率差不多就是1,400萬分之一。

但在許多實際情況中,沒辦法運用這種對稱方法,所以就要改用比例。假設醫生告訴你,你得癌症的機率是5%,那是因為研究顯示,在跟你有類似條件的一大群人中,有5%的人罹癌。而關於降雨機率的天氣預報,通常來自**系集預報**。就像第42章提及的,天氣很容易因為初始條件的一點變動而受影響,由於無法在全球每個點測量氣溫、氣壓等變數,放進天氣預報中,因此氣象學家用天氣模型做許多次模擬,每次都讓初始條件稍有不同,類似實際觀測值。如果在這些總體預報之中有1%顯示今天會下雨,他們就預報今天有1%的降雨機率。

這個方法的依據是**頻率派學者**的機率解釋,也就是一個事件(譬如銅板擲出正面)的機率應該解釋成,在大量試驗(丟銅板)中,該事件發生的比例(也稱為**相對次數**)。這與另一種貝氏機率的解釋截然不同,18世紀數學家兼長老會牧師湯馬斯・貝斯(Thomas Bayes,貝氏機率就是以他命名)把機率看成主觀的認定;是衡量基於現有證據,我們有多少把握說一個事件會發生。因此如果有新的證據出現,就可以更正數字。

平均數定律（或謬誤）

無論你選擇怎麼解釋機率或衡量機率，都有專門的數學領域描述。機率的規則比其他數學領域簡單明瞭，可是結果不一定符合直覺。大多數人都很熟悉平均數定律，也稱為大數法則，也就是當你丟銅板丟了非常多次，而且擲出正面與反面的機率相等，就能預期正面與反面出現的比率大約是各占一半。因此如果你看到銅板擲了999次全都是正面，你會很想賭下一次是反面，覺得這種不均等的狀況一定會翻盤。

但你錯了，還有幾百萬個賭徒像你一樣衰運。因為下一次擲出的結果與前面所有的結果互不影響，你擲出反面的機率依然只有50%，先前的每一擲和往後的每一擲都是如此。乍看似乎跟大數法則相矛盾，但其實不然。大數法則是指擲銅板的次數趨近無限大時，出現正面的比例會收斂到50%。所以即使你已經擲出非常多次正面，仍然要擲出無窮多次，才會把平均數往下拉到50%，而「再擲一次」不過只有「一次」，沒有道理非出現反面不可。

還有更多例子可以說明機率的狡猾本質。很多書也寫過，有些是為了好玩，有些是為了嚴肅的哲學理由（以下多半是這個理由）。然而可以肯定的是，在處理機率問題時，永遠與機率的雙胞胎脫不了關係：隨機性。

隨機是正規的

若少了某種隨機過程（譬如丟銅板）的輔助，人類產生隨機

性的能力相當差。如果我請你隨機寫下正反面序列或數列，或是在紙上隨意畫出很多個點，你沒辦法讓自己的下一步不受先前的抉擇影響。因此這樣的序列通常很容易看出並非隨機產生，因為人會非常慎重，刻意地讓選擇分散得很均勻。大腦天生就會注意模式，這也是為什麼人類要產生隨機性如此困難。大腦一旦察覺到任何一點模式，就會認為自己破壞了隨機性而馬上改變下一個選擇。不管「天命真女」*說了什麼，只要談到隨機選擇，我們一點都不獨立。

事實上，在真正隨機的序列中，任何組合都是有可能的，包括所有的贏家模式。連續擲出10個正面（正正正正正正正正正正）的可能性，就跟擲出「正反正反反反正正反反」、「反反正正正反正反正正」或「反反反反反反反反反正」一樣。擲10次銅板產生的任何序列，可能性都是相等的。

儘管經歷了一千多年來的實驗研究，不斷丟銅板、擲骰子，結果證明隨機性（也稱為賭博）的概念很難用數學說清楚講明白。第一個正式弄清楚隨機性這個概念的人，是法國數學家艾米爾·波黑爾（Émile Borel），他除了是協助創立測度論的出色數學家，也活躍於政治領域，擔任海軍部長，第二次世界大戰期間還投入反納粹的抗爭運動。

1909年，波黑爾開始思考無限十進制小數展開式（或其他進位制下的無限小數展開式；詳見第60章）。如果在展開式中所有數字出現的頻率相同、所有數字對出現的頻率相同、所有三

---

* Destiny's Child，美國女子流行歌唱團體，已於2005年解散。

數字組出現的頻率相同……波黑爾就把這樣的數定義為**正規數**（normal number）。所以，數字1出現的機率應該是 $\frac{1}{10}$，其他數字也應該一樣多，因為數字總共有10個，而把頻率平均分布的結果是 $\frac{1}{10}$。同理，可能出現的每一組數對，譬如「11」、「23」或「09」，機率應該是 $\frac{1}{100}$，因為這種數對有100組。三數字組也是如此（出現的機率是 $\frac{1}{1000}$）。有 n 個數字的序列出現的機率應該是 $\frac{1}{10^n}$，正規數不會偏袒哪個有限數字組合。以此類推，每個有限數字組合應該都會出現在這個數的無限展開式中。如果無限序列中的每個數字是擲一顆公平的十面骰子所得的結果，那麼就可以預期會出現正規性。這就是為什麼正規性可以解釋成無限序列具隨機性的條件：一個無限序列必須是正規的，才是隨機生成的。

波黑爾證明正規數存在，而且「大部分」的實數都是正規數（對於「大部分」，他有清楚的定義）。數學家認為，所有他們最喜歡的數學常數都是正規數，包括 π、e 和 $\sqrt{2}$，但目前為止還沒有人能證明其中任何一個是正規數。而且波黑爾證明幾乎每個實數都是正規數的方法，並不是建構性證明，他留下了一個強而有力的結果，卻沒有明確的例子。

幾年後，卑微的大學生錢珀諾（D.G. Champernowne）出手相救。他在1933年提出了一個十分簡單卻巧妙的想法，就是在小數點後把所有的自然數一個接著一個串起來：

0.1234567891011121314151617181920212223242526272829
30313233343536373839404141...

　　後來這個數命名為錢珀諾數，不但因為定義得很漂亮，而且還是十進位正規數的首批例子之一。每個數字、每對數字、每個三數字組等，出現的頻率都完全相同，此外，你想像得到的每個有限序列，都會出現在錢珀諾數的無限深處。

　　但先等一下，想一想這代表什麼？不管是錢珀諾數，或是其他任何一個正規數（包括名氣更大的疑似案例，譬如數學家頗為確信是正規數的 π），都容納了你想得到的每個有限序列，每個數字，甚至每個名字，如果可以把名字轉換成數字的話。事實上，它包含了曾經活著和未來將會出世的每個人的名字；每個曾經寫下和未來將會寫下的句子；每一本曾經寫出和未來將會寫出的書；這世界的歷史和每一種可能的未來。

巴別塔圖書館

　　這乍看之下近乎神祕或不可思議（如果你看過《死亡密碼》*這部電影就會知道，追求這類數字代表的意義最後可能會走火入魔），但這個資訊就跟你拿到一手同花大順或擲出雙么的機率一般，有可能會發生，卻不代表你這輩子遇得到。即使這本書的英文版全文皆包含在錢珀諾數或（可能是正規數的）π 之中，也不代表我們找得到。舉例來說，這本書英文版第 0 章的前幾個字「In the」（轉換成電腦使用的二進位碼就是 01001011100000010100010000000101），出現在 π 的二進制小數展

---

* 原英文名 Pi，或寫成 π，1998 年美國的超現實主義心理驚悚片。

開的第 2,385,438,088 位，但接下來的那個字母，卻在更後面的小數位數（第 0 章的開頭是「In the beginning ...」，「In the b」的二進制串是 010010111000000101000100001010000000010），要到 π 的前 40 億位二進制小數才會出現。天曉得我們得找多少位小數，才能找全第一句。

　　阿根廷作家波赫士（Jorge Luis Borges）在 1939 年的散文〈全面圖書館〉（The Total Library）和 1941 年的短篇小說〈巴別塔圖書館〉（The Library of Babel）中，很出色地描寫了這個概念。在小說中，波赫士把世界想像成看似永無盡頭，卻是由許多一模一樣的六角形房間相連而成的建築群。這些房間的書架牆上放滿了書，書裡盡是字母和標點符號的各種可能組合。就像波赫士在文章裡指出的，這樣的圖書館確實能涵括一切：

> 一切事物都在它目不暇給的藏書中。一切事物；關於未來的詳細歷史，艾斯奇勒斯（Aeschylus）的《埃及人》（The Egyptians），恆河之水反映出獵鷹飛翔的確切次數，羅馬祕而不宣的真實本性，諾瓦利斯（Novalis）原本想要構思的百科全書，我在 1934 年 8 月 14 日黎明時分半睡半醒的夢境，費馬最後定理的證明，《艾德溫・祖德之謎》（Edwin Drood）的未完篇章……

　　短篇小說的敘述者解釋道，占有圖書館的人剛開始發覺他們的世界收藏了所有書籍，都欣喜若狂，但很快就意志消沉。因為他們大半輩子都在無盡而又一模一樣的房間裡穿行追尋，想在書堆之中找出意義，不過，就像數學家還沒有在 π 的小數點

後數字中找到任何隱藏的含義，每個符號都有各種可能的組合存在，代表圖書館裡幾乎所有的書籍都不知所云。「某個六角形房間內的某個書架上肯定有珍貴書籍，卻永遠找不到，令人難以忍受。」這篇小說對於隨機性與正規性這兩種概念的探究相當引人入勝，也可說是給那些打算在隨機過程中尋找意義（或中獎彩券）的人的忠告。

無限猴子事業

除了要感謝波黑爾定義正規數，還有一個牽涉到隨機性的文學例子也要感謝他。他在思考統計力學的時候，運用了「100萬隻猴子用打字機打字」的隱喻。統計力學是指，組成氣體或液體的無數原子與分子的集體行為。波黑爾寫道，即使這些猴子整年下來每天打字10小時，合起來的篇章也不可能等同於世界上藏書最豐富的圖書館館藏。後來這被稱為無限猴子定理（Infinite monkey theorem），意思是，如果一大群猴子隨機打字打得夠久，終會打出全套莎士比亞作品。不過，究竟得打多久？

我們最喜歡的劍橋大學統計學家大衛・史匹格哈特（David Spiegelhalter），在2009年協助BBC製作一集專門談無限的《地平線》節目時，做過一些計算。首先想像只有一隻猴子，每次敲下鍵盤能打出31個字符的其中一個；31個字符是指26個英文字母，以及空格、逗號、句號、分號和連字號。其他標點符號則忽略不計，並假設莎翁作品中只有小寫字母。第一個字符正確打出的機率是 $\frac{1}{31}$，前兩個字符正確打出的機率是 $\frac{1}{31 \times 31}$，也就是

$\frac{1}{961}$，以此類推。由於整套作品大約有500萬個字符，這隻猴子一次就打出全集的機率是 $\frac{1}{31^{5,000,000}}$。

　　若把這個數字改寫成10的乘冪（見第10章），得到的機率值是 $\frac{1}{10^{7,500,000}}$。這真是非常小的機率，差不多相當於丟一枚公平銅板連續擲出2,500萬次正面，或是連續簽中100萬次樂透。所以我們幾乎可以確信，這隻猴子不會在第一次試打500萬個字符時，就打出莎翁全集。但如果繼續等下去呢？史匹格哈特計算出，假設這隻猴子一秒可以打出50個字符（這是非常快的速度），那麼他有九成九的把握，必須要等132億年，才能看到一串只有17個字符打對的序列；這差不多等於從大霹靂*至今的時間！

　　史匹格哈特的計算結果得到了猴子模擬器的證實，這個模擬器是BBC委託製作的電腦程式，用來模擬猴子打字。經過1.13億猴子秒（一秒打出50個字符），最長的吻合詞組是「we lover」，出現在《空愛一場》（*Love's Labours Lost*）第二幕第一景，鮑伊特（Boyet）的台詞中：With that which we lovers entitle affected（感染了我們這些熱戀中人所稱的矯揉造作）。

　　真實的猴子表現得更差。佩頓動物園（Paignton Zoo）曾經做過一個藝術計畫，他們在猴子的圍欄裡放了一部電腦，結果那些猴子只打了5頁，其中大部分是字母s。後來猴群失去興致，還拿鍵盤當便盆。「那樣的經典英國文學產量相當有限，這也顯現了數學與現實世界接軌時會發生的問題。」史匹格哈特寫道。

---

* The Big Bang，或稱大爆炸，也就是指宇宙誕生。

確認機率

機率是日常生活中最頻繁使用的數學之一,所以我們最後想要特別談一下機率的哲學基礎。機率理論提供了計算機率的規則,例如,一個事件的所有可能結果的機率相加起來要等於1,這是有道理的。如果一枚銅板擲出正面的機率是$\frac{1}{2}$,那麼出現反面的機率就一定是$1-\frac{1}{2}=\frac{1}{2}$。機率理論也說明了如何算出多個結果組合的機率,比方說,如果發生A結果的機率是p,發生B結果的機率為q,而且這兩個事件各自獨立,那麼A和B都發生的機率就是$p \times q$。以丟銅板為例,如果你同時擲兩枚銅板,或一枚銅板擲兩次,而擲出兩個正面的機率就等於$\frac{1}{2} \times \frac{1}{2} = \frac{1}{4}$。

問題是,衡量機率不像測量長度或重量那麼容易。我們可以利用抽象思考,比如丟銅板有兩個可能的結果,代表每個結果的機率為$\frac{1}{2}$。或是可以利用頻率思考,譬如觀察丟1,000次銅板的結果,發現大概有半數是正面朝上。不過,這些思考與實際丟銅板要如何產生關聯呢?這些思考究竟說明了什麼?如果我們無法回答這些問題,為什麼還要相信機率理論?

機率理論有個非常有趣的道理,是20世紀發展起來的,它牽涉到博奕數學。主要概念是,機率不是存在於世界上的客觀數量,而是信念的主觀程度。如果我說出現正面的機率是$\frac{1}{2}$,並不是因為$\frac{1}{2}$這個數刻在銅板上,而是出於某種原因我有50%的把握會擲出正面。信心是很個人的,但也可以用賭注來衡量。譬如,你可以說我對擲出正面的把握,等同於我願意押注在擲出正面的金額。

　　哲學家能夠證明，如果你假設一個人忠於某些很基本的理性原則，那麼他們在計算自己的信心程度時，應該就會遵守機率理論的規則。如果他們不堅持這些規則，就有可能被迫參加肯定輸錢的賭局。

　　舉例來說，假設我對丟出正面的信心是 $\frac{1}{2}$，而出現反面的機率是 $\frac{1}{4}$。這就違反了機率理論的第一個規則：互斥結果的機率相加起來應該要等於 1。但現在的總和只有 $\frac{3}{4}$。於是你可以說服我下注，以 1 賠 1 押正面，1 賠 3 押反面。這個賠率反映出我相信的機率值，所以是我能接受的。如果你用 20 英鎊押正面，10 英鎊押反面，那麼若是擲出正面，你會賺得 40 英鎊（你押的 20 英鎊賭注加上贏回的 20 英鎊）；若是擲出反面，你也會賺 40 英鎊（你押的 10 英鎊加上贏回的 30 英鎊）。你總共押了 30 英鎊，穩賺 10 英鎊，對我來說就必然有虧損。

　　哲學家辯證，這就賦予了機率數學法則正當的理由。遵守法則是合乎理性的。顯而易見的異議是，人不會把自己的生活當成一連串賭局。我大可拒絕參加任何賭局，留住我的錢。但這個論證的重點不是在模擬真實人性，而是在提出理由，解釋為什麼應該遵從機率理論。下次碰到下雨卻沒帶傘，就要牢牢記住這件事。天氣預報雖然一再失準，但至少基本的機率數學在理性方面是可信的。預報本質上就不可能完美，事實上，沒有任何一件事能做得到完美——也許只有數字例外。

16929639 ... 270130176
最大最完美的數字

　　據說上帝用了六天的時間創造世界，在第七天休息。可惜祂沒能更快一點完成工作，不然我們就能多幾個星期天了。無論如何，上帝創造世界所花的天數似乎不是偶然。根據聖奧古斯丁（Saint Augustine）在名作《上帝之城》（*The City of God*）中的說法，上帝選擇六天的理由是：

> 6這個數本身就很完美，並不是因為上帝在六天內創造了萬物；恰恰相反。上帝用六天的時間創造萬物，是因為這個數很完美，即使六天的工作不存在，它也是完美的。

　　是什麼因素讓6如此完美？它是偶數，但光是偶數還不夠，因為偶數有無窮多個。它可以被3整除，但同樣的，可被3整除的數也有無窮多個。6的其他因數（除去自己不算）只剩下1，不過這就更不特殊了，因為數線上的每個整數都是如此。

要看出6完美在哪裡，你必須把它的因數1、2、3相加起來：

$$1+2+3=6$$

6的所有真因數（本身不算在內的所有因數）相加的總和就等於6。它結合了加法和乘法上的完美：

$$6=1+2+3=1 \times 2 \times 3$$

如果你嘗試把其他數的真因數相加，就會發現這個性質確實很罕見，許多數達不到這個目標。例如4的真因數是1和2，而1+2=3，小於4。同樣的，10的真因數是1、2和5，而1+2+5=8，小於10。

尼科馬庫斯（Nicomachus of Gerasa）是著名的畢氏學派成員，喜歡數字學。他為這樣的數字取了一個名字，而且不太好聽，他把這些數字稱為**虧數**（deficient number），一種產生「想望、拖欠、匱乏與不足」的數。尼科馬庫斯寫道，如果這些數字是動物，模樣就會像是有「一隻眼……獨臂或其中一隻手的手指不足五根，或是沒有舌頭……」。

除了6之外，下一個不是虧數的數字是12，它的真因數有1、2、3、4及6，相加起來是1+2+3+4+6=16，超出12。

不過，真因數的總和大於原數的數字，尼科馬庫斯也不喜歡。他把這些數字稱為**過剩數**（abundant number），會產生「過度、多餘、誇大及濫用」的數字。如果比喻為動物，就會像是有「十張嘴或九個口，而且有三排牙；或有一百隻手臂，或是其中

一隻手上有太多根手指……」的生物。

　　尼科馬庫斯認為，完美存在於平衡之中：「而在過多與過少之間，也就是處於均等的情形下，會產生美德、公正的標準、端正、美好等類似的事物。其中最能當作典範的，就是稱為完全數的數字……」

　　不單只有6如此完美。下一個完全數（perfect number）是28，它的真因數有1、2、4、7和14，而1＋2＋4＋7＋14＝28。有些人認為，這就是為什麼月球繞地球一圈大約需要28天，這也許又是上帝的精心選擇吧。

稀世珍寶

　　完全數是罕見之寶。從古代一直到中世紀，只發現4個完全數：6、28、496及8128。13世紀時，阿拉伯數學家伊斯梅爾・伊本・依卜拉辛・伊本・法路斯（Ismail ibn Ibrahim ibn Fallus）找到了另外3個，讓完全數的數量幾乎增加一倍：

33,550,336

8,589,869,056

137,438,691,328

　　可是歐洲學者不知道他的成果，所以千辛萬苦地重新發現這3個完全數。此後進展仍舊很緩慢，到了1914年，發現的完全數僅僅12個，今日即使倚靠快速電腦的幫助，仍然只知道48個。到目前為止已知的最大完全數，是在2013年一月找到的，位數

超過3,400萬。這裡的空間容納不下，簡而言之，這個數的開頭幾位數字是16929639，而結尾是270130176。*

甚至更完美

　　這又帶出一個價值百萬美金的問題：完全數有多少？數學家還會找到更多完全數嗎？尼科馬庫斯雖然只知道4個完全數，卻假定數線上藏有無窮多個完全數。數學家依然相信這是對的，不過目前還沒有人能證明；雖然沒辦法肯定說出有多少完全數，但可能終有全部找到的一天。

　　要找到更多完全數，機會最大的切入點是大數學家歐幾里得發現的一個有趣模式，這個模式把完全數聯結到另外一種自古以來就使數學家著迷不已的數字，那就是質數。

　　歐幾里得注意到第一個完全數6可以寫成2的乘冪：

$$6 = 2 \times 3 = 2^1 \times (2^2 - 1)$$

當時已知的另外3個完全數，也可以用同樣的方法改寫：

$$28 = 4 \times 7 = 2^2 \times (2^3 - 1)$$
$$496 = 16 \times 31 = 2^4 \times (2^5 - 1)$$
$$8128 = 64 \times 127 = 2^6 \times (2^7 - 1)$$

---

* 此處提到的第48個完全數是在本書出版前的發現，然而數學家又分別在2017年和2018年1月找到第49個和第50個完全數，目前為止，最大的完全數超過4,650萬位數。

　　現在你可以看出其中的模式了，說不定下一個完全數是 $2^8 \times (2^9 - 1)$ ？很可惜，答案是否定的：

$$2^8 \times (2^9 - 1) = 130,816$$

　　不是完全數，它的4個因數65,408、32,704、18,688及16,352，相加的結果是133,152，大於它自己，讓130,816變成可怕的過剩數。不過且慢，我們先仔細研究一下這幾個已知完全數的乘積。在這4個例子中，第2個乘數都是質數，而且形式為 $2^k - 1$，其中 k 是2、3、5或7：

$$2^2 - 1 = 3 \text{ 是質數}$$
$$2^3 - 1 = 7 \text{ 是質數}$$
$$2^5 - 1 = 31 \text{ 是質數}$$
$$2^7 - 1 = 127 \text{ 是質數}$$

　　歐幾里得證明了這並非偶然，如果你能找到另外一個可以寫成 $2^k - 1$ 的質數，k 為某個整數，那麼對應的數為：

$$2^{k-1} \times (2^k - 1)$$

　　就會是完全數。這個完全數顯然是偶數，因為乘上了2的某個次方。如今我們可以說得更篤定，儘管這是個艱難的過程。大約比歐幾里得晚兩千年的歐拉，設法證明了歐幾里得的方法很周全：每個偶數完全數都能寫成 $2^{k-1} \times (2^k - 1)$，k 為某個正整數，且 $2^k - 1$ 是質數。至於奇數完全數是什麼模樣、是不是存在，就不得而知了。

追逐完美

　　近代數學家尋找完全數，根據的完全是歐幾里得的想法，而且還搭著尋找質數的順風車。第2章曾提到，由於分解質因數是極為艱巨的事情，尋找質數也成了相當大的挑戰。倘若你要找的是比較小的質數，事情還算好辦。你可以用一種可能你在課堂上學過的方法，從1～1,000,000的數字之中找出質數。最早描述這種方法的正是尼科馬庫斯，出現在他所寫的《算術導論》（*The Introduction to Arithmetic*）中。

　　首先列出你想要篩選的所有數字，譬如1～1,000,000。接著劃掉所有2的倍數，只留下2。然後再劃掉所有3的倍數，只留下3。下一個沒劃掉的數字是5，所以保留5，把所有5的倍數劃掉，以此類推。最後你劃掉的數都是大於1的數字的倍數。由於質數沒有比1大且小於自己的因數，因此刪到最後只留下質數。

　　尼科馬庫斯認為這個方法出自埃拉托斯特尼（Eratosthenes of Cyrene），於是冠上了他的名字，稱為**埃拉托斯特尼篩法**。這個方法雖然古老，又不甚有趣，但仍舊是找出 $N=1,000,000$ 以下的質數最有效率的方法。不過，它也顯示出了尋找質數的主要問題：數字 N 愈大，就需要做愈多步驟才能篩完。

　　正因如此，如果你要找的是完全數，就相當好運了。在偶數完全數的算式中，可以寫成 2^k-1 形式的數，皆是很特殊的質數候選人。比起其他的數，有更快的方法可以檢查這些數是不是質數。這些數叫做梅森數，是以17世紀研究這些數的法國修士馬蘭‧梅森（Marin Mersenne）命名的。

用借來的時間找質數

　　梅森數是「網際網路梅森質數大搜尋」（Great Internet Mersenne Prime Search，簡稱 GIMPS）的目標，GIMPS 是有史以來執行最久的全民高速運算計畫，開始於 1996 年，使用志願參加者捐獻出來的計算時間。你可以從 GIMPS 網站下載一個免費程式，當你的電腦閒置時，這個程式會自動開始搜尋數線上的梅森質數。48 個已知梅森質數之中，有 14 個都是用這種方式找到的。誰的電腦找到了新的梅森質數，就能獲得現金獎勵，但大部分人都是為了搜尋的興奮感而參加的。2013 年 1 月 25 日，中央密蘇里大學教授柯蒂斯・庫珀（Curtis Cooper）的電腦突破長達四年的停滯，發現了第 48 個，也是迄今最大的梅森質數，也是目前已知最大的質數*。這個數字是 $2^{57,885,161}-1$，位數超過 1,700 萬位，而已知最大的完全數是：

$$2^{57,885,160} \times \left(2^{57,885,161}-1\right)$$

　　很難說 GIMPS 團隊什麼時候會再開香檳慶祝，畢竟牽涉到的梅森數愈大，就愈難檢驗是不是質數，也愈難獲得完全數。此外，還有更基本的問題，就是沒有人能夠證明，尼科馬庫斯聲稱的「完全數有無窮多個」是對的，或是證明等價的說法：梅森質數有無窮多個。如果不是，那數學家終有一天會找到最後那一個，而這些追數的人就得找尋新的目標了。

---

* 此亦為本書出版前的發現，截至目前為止學界所發現的最大梅森數是在 2017 年 12 月 26 日由美國數學家 Jonathan Pace 所算出來的 $M_{77232917}$。

那麼奇數完全數呢？尼科馬庫斯認為不存在，而且他似乎說對了，儘管也沒有人能提出證明。數學家已經從1到$10^{1,500}$搜尋了一遍，沒有找到奇數完全數；他們也證明了，如果真的有奇數完全數的話，這個數必須滿足一大堆條件，因而顯得不太可能存在。正如英國數學家詹姆士・約瑟夫・西爾維斯特（James Joseph Sylvester）在1888年所說的：「經過長時間深思這個問題，我確信像（奇數完全數）這樣的數若能存在，可說是從眾多條件的天羅地網中逃脫出來，非常讓人意外。」

尋找質數與完全數，把數學家帶到了難以想像的高處──已知最大的質數與已知最大的完全數實在很大，超乎想像。但跟下一章要探討的數字相較，這兩個超級大數就被比下去了。

葛立恆數 有一種大，叫做大到宇宙空間也塞不下

　　你能想到的最大數字是什麼？你想說無限大嗎？呃，是哪個數？我們在下一章會碰到那個難題。但眼前的問題是，你能想到的最大有限數字是什麼？你可能會先想到幾個來自物質世界的天文數字。宇宙的年齡是137.7億年，也就是4.343×10^{17}秒。亞佛加厥常數也相當大，是$6.02214129 \times 10^{23}$，代表一公克的氫所含的氫原子個數（稱為一莫耳；這是在化學或物理上測量物質的量的標準單位）。比這個數字更大的，是可觀測宇宙中的原子數，一般認為介於$10^{78} \sim 10^{82}$之間。

　　然而，這些數字已經敗給前一章介紹過的第48個梅森質數了：

$$2^{57,885,161} - 1$$

　　這是目前所知道最大的質數，有17,425,170位數字。它也比著名的googol（10^{100}，即1後面跟著100個0）來得大，這是

美國數學家愛德華・卡斯納（Edward Kasner）在1929年定義的數字，由他的9歲外甥米爾頓・西羅塔（Milton Sirotta）命名。米爾頓還更進一步，創造出另一個數googolplex，現在定義為 $10^{\text{googol}} = 10^{10^{100}}$，但最初米爾頓的定義是1後面要寫一大堆0，寫到你累了為止。

googolplex比第48個梅森質數大非常多。不論是你還是電腦，都有辦法完整寫出第48個梅森質數的17,425,170位數字。不過，儘管我可以告訴你googolplex中的任何一位數字，但永遠沒有人或電腦或任何文明能把它完整寫出來，因為宇宙中沒有足夠的空間容納 10^{100} 這麼多位數字。正如卡斯納和他的同事詹姆斯・紐曼（James Newman）對googolplex的形容（出自他們1940年寫的《數學與想像》（*Mathematics and the Imagination*）一書，這本書讓世人認識了這些數字）：「即使你跑到最遙遠的恆星，一路上遊遍所有的星雲，所到之處皆放滿了零，還是寫不完，這樣你應該能明白這個非常大但有限的數究竟有多麼大了。」

然而在1970年代，出現了一個巨大的數，凌駕它所有的大數前輩。為了理解這個數學龐然大物來自何方，你必須先去參加一個派對，並且把3的乘法表讀得滾瓜爛熟。

朋友與陌生人

客人名單總是很難搞定。你很確定你的鋼琴老師葛利果先生誰也不認識，但你學生時代一起上微積分課的朋友，艾薩克、哥

弗烈、羅勃及雷納德，親密無間，彼此熟識。而你最好的朋友艾美，一向善於交際，在派對中總會遇到興趣相投的人。一群人中究竟有多少人是朋友，又有多少人互不認識，關係到派對的成敗。

假設為了弄清楚這件事，你畫了所有朋友之間的關係圖，如果兩人是朋友，就用黑色線把他們連起來；若互不認識，就用灰色線。舉例來說，你的朋友愛姐不認識你的另外兩位朋友貝諾瓦和克勞德，但貝諾瓦和克勞德彼此認識：

而你的另一位朋友大衛認識愛姐和克勞德，但不認識貝諾瓦：

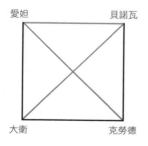

如果你再把艾美及芙蘿倫絲加進來，就變成：

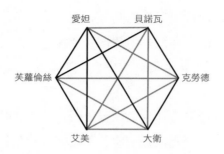

　　這些圖也許讓你想到第6章談過的網路，其中的節點是你的朋友，連線是他們之間的關係。但這些網路有兩個部分很特別。第一，他們都是**完全連通的**，也就是網路中的每個人之間都有連線連結。第二點，這些關係網路中的連線著了色，灰色表示陌生人，黑色代表朋友。

　　關係網路顯然可以用很多方法來著色（事實上，n條邊有2^n種方法），但如果你仔細看更大的網路，可能會看出其中藏著更單純的典型，譬如連線全是同色的較小群體，代表全是朋友或全是陌生人。在前述的例子中，貝諾瓦、大衛和艾美互不認識，於是構成了一個灰色三角形，而把芙蘿倫絲加進來之後，又形成了一個黑色三角形，因為愛妲、艾美和芙蘿倫絲彼此認識。

　　你的前四個朋友愛妲、貝諾瓦、克勞德和大衛之間的關係網路，並沒有出現這樣的單純典型，而是在你加了艾美之後，才出現了全是朋友或全是陌生人的三人群體。事實上，隨著加入網路的人愈來愈多，較小的單色群體似乎就會開始出現。

讓你的關係井井有序

　　傑出的年輕數學家法蘭克·拉姆齊（Frank Ramsey），在1928年也注意到這件事，但他不是在籌備派對，而是要寫一篇邏輯學論文。他特別感興趣的是，在什麼情況下可以保證系統中會出現某種程度的秩序。

　　你可以把這些全是朋友或全是陌生人的單純單色群體，看成出現在更大網路中的有序小群體。網路愈有序，這些單色群體就愈大，最後可能達到的最有序狀態，就是整個網路中的每條連線顏色都相同。有序的系統是指，系統內的一切都遵守某種規則，譬如「每條連線都是灰色的」，因此就描述系統所需要的資訊來說，有序的系統比無序的系統單純許多。貝諾瓦、大衛與艾美的關係網路，是3條邊都著上灰色的三角形，描述起來很容易；相較之下，若要描述愛妲、貝諾瓦與克勞德的關係網路，就必須具體說明每條邊的顏色以及各邊所連結的人。

　　拉姆齊證明了前述猜想的結果：無論你希望達到的有序程度為何，只要網路夠大，就保證會出現秩序。以剛才的例子來看，如果關係網路中有6人或更多人，就一定會找到3人全是朋友（黑色邊的三角形）或全是陌生人（灰色邊的三角形）的群體。證明方法非常簡單，而且從本質上來說，不管你要找哪種程度的秩序（意思就是，不管你想找多少人組成的單色群體〔全是朋友或全是陌生人〕），只要你的網路夠大，就肯定能包含那麼大的秩序。

　　拉姆齊對這個結論的證明，只是他在邏輯學論文中試圖得出

最主要結果的其中一步（數學家把這稱為引理）。他的這一步，催生出拉姆齊理論（Ramsey theory），這是組合數學中的全新研究領域（大致說來，組合數學是關於計數物件的數學）。從他研究的內容竟然可以附帶創造出全新的數學領域，由此可見拉姆齊的才氣。但拉姆齊不單是很有才氣的數學家，除了在數學及邏輯學上的貢獻，在他26歲因黃疸英年早逝之前，也發表過經濟學與哲學方面的重要論文。

拉姆齊數

要證明必定會有3人全是朋友或全是陌生人所需的最少人數是6，而且方法相當簡單。這個數叫做拉姆齊數 $R(n, m)$，代表保證有 n 個人全是朋友（即有 n 個全由黑色邊相連的節點）或 m 個人全是陌生人（即 m 個全由灰色邊相連的節點）所需的最少人數。

事實上，算出整個拉姆齊數族不需要花太多力氣。舉例來說，$R(2, m)$ 即為保證有2人相識或 m 個人互不相識所需的人數。而且答案永遠是 m 個人。其中只要有兩人相識，你就解出了。若非如此，就是他們全都互不相識，這樣你也解出了。

另外還可免費附贈一樣資訊，只要得出了 $R(n, m)$，馬上就能知道 $R(m, n)$，因為 $R(n, m) = R(m, n)$。也就是說，你替邊線著上什麼顏色並不重要，如果能你保證有 n 個人相識，m 個人互不相識，那麼只要把邊線的顏色互換，就能同時保證其中有 m 個人互不相識，n 個人相識。

　　不過，若你想要尋找超過3人相識或互不相識的群體，事情就難辦了。事實上，若 n 與 m 都大於2（所以不能運用剛才的簡單方法），目前只計算出下列這些拉姆齊數：

R(3, 3)=6
R(3, 4)=R (4, 3)=9
R(3, 5)=R(5, 3)=14
R(3, 6)=R(6, 3)=18
R(3, 7)=R(7, 3)=23
R(3, 8)=R(8, 3)=28
R(3, 9)=R(9, 3)=36
R(4, 4)=18
R(4, 5)=R(5, 4)=25

　　數學家設法更進一步，證明了能保證有4人相識或4人互不相識的最少人數是18，即 $R(4, 4)=18$。不過，他們也只做到這裡為止。即使是5這麼小的數，他們都沒辦法算出圖中需要多少人，才能保證一定會有5人全是朋友或全是陌生人。

如何讓派對迅速失控

　　就像派對上萬一來了太多人，場面可能很快就會失控，拉姆齊數的問題也類似如此，隨著人數增加，網路中的邊數也增加得非常快。在有3個人的情形下，譬如愛妲、貝諾瓦和克勞德，我們只需考慮3種關係：愛妲認不認識貝諾瓦、貝諾瓦認不認識克

勞德，以及克勞德認不認識愛姐。但倘若再加1人，大衛，變成
4人，要考慮的關係就增加為6種。

　　前面說過，這些關係網路是完全連通的，意思就是，每個人
彼此之間都會連結。這些完全連通網路（也稱為完全圖）的邊
數，會隨著人數增加迅速攀升，而可能的著色方法數增加得更
快。

　　要計算出拉姆齊數，你可以採取蠻力法（brute force），檢
驗具有某個節點數的圖形的每一種可能著色法。不過，即使是在
相識與互不相識人數最少的情形下，譬如拉姆齊數 $R(3, 3)=6$，
這個做法都不可行。因為採取蠻力法證明這個結果，必須一一檢
驗有6人的 $2^{15}=32,768$ 種著色圖形，以確認這些圖都有一個代表
3人相識或3人互不相識的黑色或灰色三角形。即使運用對稱性
減少一些工作量（彼此對稱的圖形只要檢驗一次，譬如邊線顏色
互換，或是互為鏡像的網路），這仍舊是不合理的做法。

人數／節點數	邊數／關係數	這個圖形的可能著色方法數
2	1	2
3	3	$2^3=8$
4	6	$2^6=64$
5	10	$2^{10}=1,024$
6	15	$2^{15}=32,768$
⋮	⋮	⋮
n	$\dfrac{n(n-1)}{2}$	$2^{\frac{n(n-1)}{2}}$

　　所以，數學家通常會利用反例設定出一個下界。他們雖然不知道 $R(5, 5)$ 的確切值，卻知道它一定大於42，因為印第安納州立大學的電腦科學教授傑佛瑞·艾克修（Geoffrey Exoo）找到了一個反例，在某個畫出42人關係的圖形中，沒有5人全都相識或互不相識的小群體。

　　下一步則是找出，需要多少人才能保證一定有全都相識或互不相識的群體。艾克修和另兩位數學家，澳洲國立大學的布蘭登·馬凱（Brendan McKay）與羅徹斯特理工學院的史坦尼斯洛·拉齊佐斯基（Stanislaw Radziszowski），證明了49人就保證一定會有5人全都相識或互不相識。所以數學家很肯定，拉姆齊數 $R(5, 5)$ 介於43～49之間。

　　雖然有強力的證據顯示 $R(5, 5)=43$，但無論是數學家還是電腦科學家目前都提不出確鑿的證明。靠蠻力法檢驗的時代早已過去，況且要檢驗43人的每一種著色圖形，等於要考慮 $2^{43 \times \frac{42}{2}}$ 種可能；這比可觀測宇宙中的原子數量還要多。相較之下，要在乾草堆裡撈一根針，彷彿還比較有可能實現。

葛立恆的大數

　　只能把 $R(5, 5)$ 縮減到43～49的範圍內或許讓人不滿，但在更廣闊的拉姆齊理論中，這不算什麼。1971年，美國數學家羅納德·葛立恆（Ronald Graham）針對拉姆齊理論的某個問題提出了一個上界，讓區區7個數（43～49）顯得小巫見大巫。

　　葛立恆習慣玩很大的數。事實上,他在學生時代待過馬戲團,且在貝爾實驗室的辦公室屋頂掛了一張特製的網,而被譽為美國最棒的雜耍表演者之一。那張網的中央有個洞,可以緊緊繫在腰部,這樣當他玩拋接球時,即使漏接一顆,這顆球也會乖乖滾向他。

　　當時葛立恆和他的同事正在研究一種特殊關係網路的拉姆齊數。想像一個8人的網路,每一邊都著上灰色或黑色,但這8個點不是落在平面紙張上,而是正方體的8個頂點。正方體的每個面則代表4個人,由各個面上的灰色或黑色邊相連。你還可以把正方體沿著對角線斜切,形成由6條灰色或黑色邊相連4個人的圖形。葛立恆想要知道,在什麼情況下,正方體的所有平面(表面或斜切面)都能包含兼具灰色邊及黑色邊的4個頂點,也就是說,這個正方體沒有任何一個平面的邊,是同一種顏色。

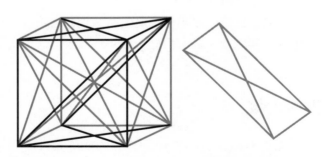

所有頂點都由黑色或灰色線相連的正方體。切過正方體中心的斜切面(如圖所示),包含4個落在同一平面上的頂點,而且都由同色的線相連。把這個斜切面底線的顏色從灰色改成黑色,就產生了一個反例,這樣一來,正方體就沒有任何一個平面包含4個頂點,且只有同色的線。

回想一下第4章談過的更高維度，想像你一開始用的是四維的立方體，有16個頂點，而不是三維正方體的8個，而且這些頂點全都彼此相連。又或者想像五維的超立方體，有$2^5 = 32$個彼此相連的頂點，或是n維的超立方體，有2^n個彼此相連的頂點。葛立恆想弄清楚究竟需要哪種維度的超立方體，才能保證每種著色方式都一定會有4個頂點，落在同一個平面上，而且由同色的線相連。

可想而知，沒有人說得出來。但葛立恆仍然設法給出了一個明確的上界，類似前面提過的某些拉姆齊數的上界，譬如$R(5, 5)$的上界是49。然而差別在於，葛立恆的上界龐大無比，巨大到不可能用普通記法來寫。事實上，它就像googolplex（這比葛立恆數小得多了），即便你用普朗克長度等級的超小字來寫每位數字，葛立恆數占據的空間仍會超出可觀測宇宙；這個數奇大無比。

寫下無法寫的

葛立恆數令人詫異之處在於，儘管它十分龐大，根本別奢望能寫下來，但數學家仍然能確切說出這個數。那是因為他們採用一種巧妙的簡記法，類似第10章介紹過的科學記法，可以更容易地表示極大或極小的數。

葛立恆數可以用數學家兼電腦科學家高德納（Donald Knuth）發展出來的記法表示。高德納的箭號表示法延續了大家熟知的算術運算的複合本質。第1章介紹過，乘法其實就是重複做加法：

$$a \times b = \underbrace{a + a + ... + a}_{b\text{次}}$$

所以，$3 \times 3 = 3 + 3 + 3 = 9$。

同樣的，第e章介紹過，計算一個數的某次方（取冪）其實就是重複做乘法：

$$a^b = \underbrace{a \times a \times .... \times a}_{b\text{次}}$$

也就是$3^3 = 3 \times 3 \times 3 = 27$。

高德納發展了一個巧妙的系統，讓這個過程繼續下去，定義出多了無窮多層的算術運算。第一步是換一種方式表示大家熟悉的取冪。高德納採用了一個向上的箭號↑來表示重複相乘：

$$a \uparrow b = \underbrace{a \times a \times ... \times a}_{b\text{次}} = a^b$$

所以$3 \uparrow 3 = 3^3 = 27$。

接下來的運算是重複取冪，有時稱為冪塔（power tower），以雙箭號↑↑表示：

$$a \uparrow\uparrow b = \underbrace{a \uparrow (a \uparrow (... \uparrow a))}_{b\text{次}a\text{重冪}} = a^{a^{a^{.^{.^{.a}}}}}$$

舉例來說，3層高的冪塔就是：

$$3 \uparrow\uparrow 3 = 3 \uparrow (3 \uparrow 3) = 3^{3^3} = 3^{27} = 7,625,597,484,987$$

這個定義可以無限制地重複下去，有利於表示愈來愈大的數：

$$a \uparrow\uparrow\uparrow b = \underbrace{a \uparrow\uparrow (a \uparrow\uparrow (\ldots \uparrow\uparrow a))}_{b \text{次} a \text{重冪}}$$

上述例子繼續發展下去就變成：

$$3 \uparrow\uparrow\uparrow 3 = 3 \uparrow\uparrow (3 \uparrow\uparrow 3) = 3 \uparrow\uparrow (3 \uparrow (3 \uparrow 3)) = 3 \uparrow\uparrow 7,625,597,484,987$$

代表 7,625,597,484,987 層高的 3 的冪塔。至於正確值是多少，就留給你失眠的時候當作習題了。

從可理解的數字的角度來看，這個數已經大到失控。但就像數學家在規則定義清楚的情況下，很樂意思考任意高維的情形，他們也非常樂意繼續延伸高德納這個明確的迭代算術運算過程。

大到難以寫下，但最後一位數字是 7

葛立恆向熱衷於數學的傳奇人物馬丁・葛登能（第 7 章介紹過）解釋自己的結果時，有點敷衍了事，給了一個比較容易說明，但（相較起來稍微）大些的數（因此也是這個問題的上界）。這個數後來稱為葛立恆數，你可以在次頁的專欄看到。就像高德納說的，那些點「減少了很多細節」。

葛立恆數

要具體說明葛立恆數究竟是什麼，必須經過64個步驟。第一步是利用箭號表示法定義一個數，稱為g_1：

$$g_1 = 3 \uparrow\uparrow\uparrow\uparrow 3$$

下一步是定義一個數g_2：

$$g_2 = 3 \uparrow\uparrow\uparrow\uparrow ... \uparrow\uparrow\uparrow\uparrow 3$$

其中箭號的數量是g_1個。

照這個方法繼續寫下去，下一個數是g_3：

$$g_3 = 3 \uparrow\uparrow\uparrow\uparrow\uparrow\uparrow ... \uparrow\uparrow\uparrow\uparrow\uparrow\uparrow 3$$

一共有g_2個箭號，而g_4：

$$g_4 = 3 \uparrow\uparrow\uparrow\uparrow\uparrow\uparrow\uparrow\uparrow\uparrow ... \uparrow\uparrow\uparrow\uparrow\uparrow\uparrow\uparrow\uparrow\uparrow 3$$

有g_3個箭號，以此類推。像這樣繼續做64個步驟，就得到：

$$g_{64} = 3 \uparrow\uparrow\uparrow\uparrow\uparrow\uparrow\uparrow\uparrow\uparrow\uparrow\uparrow\uparrow\uparrow ... \uparrow\uparrow\uparrow\uparrow\uparrow\uparrow\uparrow\uparrow\uparrow\uparrow\uparrow\uparrow\uparrow\uparrow\uparrow\uparrow 3$$

總共有g_{63}個箭號。朋友們，這是個很大的數字。

葛立恆在1971年把他的上界發表在一篇論文中，這在當時是數學證明裡用過的最大數。這個數只比葛登能寫在《科學美國

人》專欄裡的數稍微小一點。後來稱為葛立恆數的，就是出現在論文裡的那個數。葛立恆發表論文的時候，超立方體問題的下界是6，所以他證明了答案介於6和他的破紀錄超大數之間。葛立恆歡欣卻輕描淡寫地表示：「這當中顯然還有改進的空間。」

葛立恆想必對於在這之後的進展很滿意。在2013年，上界大幅縮小到2 ↑↑↑↑ 6，而且發現了各種反例，把下界改進到11。不過，究竟哪個上下界會先合併，是拉姆齊數 $R(5, 5)$ 的43～49，還是超立方體問題的11～2 ↑↑↑↑ 6，還很難說。

葛立恆數更超乎想像的一點是，即使巨大到連宇宙空間都不夠寫，數學家卻知道這個數的最後一位數字是7。事實上，學界已知道了最後差不多500位的數字（因為重複取冪多次之後，冪塔最右邊的數字就會維持不變）。儘管葛立恆數龐大到沒道理可言，但令人欣慰的是，數學家至少抓住了它的尾巴，而下一章要介紹的「數」可就無法這麼說了。

∞　無窮盡，還可以比大小？

　　無限大是個奇怪的東西。每個人對於無限大都有某種概念，但當你想要確定它究竟是什麼時，難題就出現了。幸好你可以從數字當中得知很多訊息。考慮一下自然數：

1, 2, 3, 4, 5, 6, ...

　　不管你想到什麼數，我都可以把它加1，變成更大的數，所以沒有最大的自然數。這也表示，自然數永遠沒有盡頭。自然數就是亞里斯多德所說的潛無窮（potential infinity）：某個沒有界限、永遠沒辦法到達盡頭的一列或一片東西。這確實是一種無窮，但你不可能看到，因為實際上到不了；這是一種不會咬你的無窮。

　　不過，即使是這種沒有利牙的無窮，還是會有怪事發生。就拿偶數來說吧，每隔一個數就是偶數，所以偶數的數量理應是自然數的一半，以1～100的數列為例，這個數列總共有100個數，其中50個是偶數。但假如再往上，以101為例，那麼偶數的數量

會比一半稍微少一點，$\frac{50}{101}=0.495$，原因是你選擇的數列結束在奇數。無論是 1,000、10,001、100,025 還是 10^{10}，偶數的比例永遠會等於或很接近 $\frac{1}{2}$。

接著來看所有的偶數。有無窮多個偶數，可是你仍然能依序列出來，2 是第一個偶數，4 是第二個偶數，6 是第三個偶數等，一如下表：

順序	偶數
1	2
2	4
3	6
⋮	⋮
20	40
⋮	⋮
n	$2n$
⋮	⋮

這個表能一直列下去，每個偶數都與一個代表順序的自然數相伴。等一下，每個偶數都與一個自然數相伴，反過來說，每個自然數也都與一個偶數相伴。在日常生活中，如果你有兩組物品（譬如一群人和幾張椅子），而且彼此可以配對（也就是每人一張椅子，每張椅子坐一個人），那麼這兩組物品的數量就是一樣的（椅子數和人數一樣多）。

把同樣的推理套用到剛才討論的數上，就會得出偶數跟自然數一樣多的結果。這太奇怪了，因為實際上來看，偶數的數量很

明顯只有自然數的一半，更讓人費解的是，你還可以按照同樣的方法（請見後面第252頁專欄裡的論證），列出所有的分數（即有理數）。這意味著，偶數和自然數和有理數其實一樣多，簡直荒謬！

很顯然，比較大小這檔子事，就是不可以用於無窮多的事物上。伽利略也認同這個觀點，他在1638年的《關於兩門新科學的對話》（*Two New Sciences*）中寫道：

> 「等於」、「大於」及「小於」這些定義，不可用於無限的量，只能用於有限的量。

無限大乘以2

要不是蓋歐格・康托（Georg Cantor）這位數學家，事情也許就到此為止了。康托1845年出生於俄國，11歲隨父母親遷居德國。雖然他一直不適應德國的生活，但卻在數學方面大放異采，最後做出了關於無限的分析而一舉成名──還有哪位數學家配得上「腐化年輕人的人」這個稱號？

康托在1870年代開始玩類似上述的遊戲，只不過他想計數的不只偶數或有理數，而是全部的數。第$\sqrt{2}$章曾提過，還有無法寫成分數的無理數，譬如$\sqrt{2}$、e、π、ϕ 等，如果把這些數都加進遊戲裡，就代表使用了數線上所有的數，也稱為實數。每個實數都能表示成小數展開式，可以是有限小數或無限小數（嚴格說來，他必須把含糊之處交代清楚，比如說$0.999999... = 1$，但這

計數分數

　　在兩個自然數，譬如1和2之間，一定會有分數，例如：$1\frac{1}{2} = \frac{3}{2}$。事實上，在任兩個自然數之間，有很多分數。自然數本身就可以寫成分數，比方說 $2 = \frac{2}{1}$，所以有理數（可以寫成分數的數）顯然比自然數多出很多。

　　如果你想依序列出（正）有理數，就會像列出偶數那樣，迅速遇上麻煩，因為你不知該從何下手。假如你從 $\frac{1}{2}$ 開始，就漏掉了所有小於 $\frac{1}{2}$ 的分數，像是 $\frac{1}{4}$、$\frac{3}{7}$ 或 $\frac{1}{100}$。若是改從 $\frac{1}{100}$ 開始，又會漏掉所有比它更小的分數，如 $\frac{1}{101}$、$\frac{1}{1,000}$ 或 $\frac{5}{22,222}$，所以沒有最小的正有理數可以做為起頭。

　　但誰說一定要照大小順序列出分數呢？你不妨換個方法。首先列出分母與分子加起來等於2的分數：只有一個，即 $\frac{1}{1} = 1$。接著再依序列出分母與分子加起來等於3的分數，有 $\frac{1}{2}$ 和 $\frac{2}{1}$。然後是總和為4的分數：$\frac{1}{3}$、$\frac{2}{3}$ 和 $\frac{3}{1}$，其中可省略 $\frac{2}{2}$，因為它等於1，已經算過了。像這樣繼續下去，就可以一個不漏地列出所有的正有理數：

順序	有理數	分子與分母相加的總和
1	$\frac{1}{1} = 1$	2
2	$\frac{1}{2}$	3
3	$\frac{2}{1}$	3
4	$\frac{1}{3}$	4
5	$\frac{3}{1}$	4
6	$\frac{1}{4}$	5
7	$\frac{2}{3}$	5
8	$\frac{3}{2}$	5
9	$\frac{4}{1} = 4$	5
⋮	⋮	⋮

不算太難）。

　　跟有理數一樣，我們也沒辦法按照大小順序列出正實數。要想出一一列出實數的方法非常困難，為了方便討論，先假設已經找到這樣的方法，並且列出了正實數。假設的清單開頭如下：

順序	實數
1	0.12
2	2.543
3	4
4	3.123456...
5	0.3333...
6	100.67
⋮	⋮

　　接著造出一個新的數，開頭是0，後面跟著小數點。小數點後第一位要填的數字，就是你列出來的第一個實數的第一位小數加1（如果你加1之後得10，就以數字0代替）。上述表格中列出的第一個數是0.12，所以1加上1得2，這個新的數即是：

　　0.2

　　小數點後的第二位數字為列出的第二個數的第二位小數加1。表格中列出的第二個數是2.543，所以小數點後第二位數字是4，加上1後得5，新的數則變成：

　　0.25

小數點後的第三位數字也依樣畫葫蘆，把第三個數的第三位小數加上1，但似乎沒辦法，因為4在小數點後沒有任何數字。不過，4也可以寫成 4.00000...，這麼一來，小數點後第三位數字是0，加1後得1。於是這個數就是：

0.251

繼續做下去就會得出0.2515、0.25154、0.251541等（嗯，至少理論上可以），最後得到一個完全像樣的實數。

如果上方表格已經列出了所有的正實數，這個實數應該會出現在其中。我們來找找看吧。它不可能是第一個數，因為兩數的小數點後第一位數字不同（剛才是加了1才得到新數的）。也不可能是第二個數，因為兩數的小數點後第二位數字不一樣。同理，也不可能是列出的第三、第四、第五、第六個數，也就是說，根本不可能出現在列出的數中！所以上方的清單並不完整，遺漏了至少一個數。

同樣的論證顯示，任何一個正實數清單都不可能完整。這似乎很合理，直覺判斷實數顯然應該要比自然數來得多，所以沒辦法讓這兩類數彼此配對。可是再想一下，你就會明白我們剛才發現了無窮的第二個類型。第一類型是自然數代表的無窮，第二類型是所有正實數代表的無窮，而且第二類型毫無疑問比第一類型還要大。因此，拿無窮多的事物比較大小，其實是說得通的！

無限高塔

康托在 1891 年證明，正實數無法用計數偶數或自然數的方式來計數，並且決定接受無限集合可以有不同的「大小」或勢（cardinality，這是他的稱法）。與自然數等勢的集合，稱為無限可數集合，原因一目了然，就像前面提到的，偶數及自然數都是無限可數的。

康托倒是對他從配對論證得出的結果感到十分驚愕。他在 1877 年發現，一個正方形內的點可以跟正方形其中一邊上的點配對，這個違反直覺的想法讓他很吃驚：「我看到了，可是我不相信，」他寫道。理由很明顯，正方形感覺上比它其中的一邊大很多，然而從勢的角度，也就是從能不能把事物彼此配對的定義來說，這兩者是一樣的。

更出乎意料的是，康托竟設法建構了一整座由無限集合堆疊而成的塔，而且一個比一個大。最小的是可數無限，以自然數為代表，他取名為 $\aleph_0$（中文讀成「阿列夫零」，$\aleph$ 是第一個希伯來字母）。第二類的無限大，他稱為 $\aleph_1$，第三類是 $\aleph_2$，以此類推。根據前面描述過的配對來看，$\aleph_1$ 比 $\aleph_0$ 大，所以要把勢為 $\aleph_0$ 的集合中的每樣東西，配對到勢為 $\aleph_1$ 的集合中，則後者的集合裡永遠會多出一些東西。

$\aleph$（阿列夫）有無窮多個，意思是，由無限大堆砌出的塔是無限高的；這不難理解。為了方便說明，我們來看一個有限集合，譬如由 3 個數構成的集合 {1, 2, 3}。像這樣的集合可以用各種方式分成較小的集合，稱為子集合。集合 {1, 2} 是 {1, 2, 3} 的

子集合，{2, 3} 也是，事實上，你可以列出集合 {1, 2, 3} 的所有
子集合：

{1}　　　（只包含數字1的集合）

{2}

{3}

{1, 2}

{2, 3}

{1, 3}

根據數學的成規，不包含任何東西的空集合 { } 與集合 {1, 2,
3} 本身也可以算進來，因此，集合 {1, 2, 3} 總共有8個子集合。
寫成一般式就是：大小為 n 的有限集合，有 2^n 個子集合（上述的
例子中 $n=3$）。

假設 {1, 2, 3} 的子集合只是「物品」，把這些物品放在一
起，它們就會自成集合，叫做 {1, 2, 3} 的冪集（power set）。如
前述，{1, 2, 3} 的冪集包含8樣物品，但 {1, 2, 3} 只包含3樣，也
就是說，一個集合的冪集包含的物品數量，永遠比原集合還要
多。

康托證明了無限集合也是如此。一個無限集合的冪集的勢，
永遠比原集合還要大。因此有了一個無限集合之後，你就可以做
出一整串愈來愈大的無限集合，只要取冪集就行了。

出人意料的是，自然數的冪集竟然和實數等勢！但這引出了
一個問題：這兩者之間有沒有別的無限集合？有沒有哪個集合的
勢大於自然數集合，但小於實數集合？答案是：沒有人知道。不

只是因為還沒有人找到答案，也因為在嚴格的數學意義上，這是不可能得知的。就像第1章提過的，如果把數學視為根據一套基礎規則與邏輯定出的公理系統，就永遠會有一些無法證明對錯的陳述。上述這個問題，稱為連續統假設，就屬於不可判定的命題，至少在公認的數學公理下是不可判定的。

康托對於無限的想法，引來同時代人的嚴厲批評。雷奧波·克羅內克（Leopold Kronecker，康托在柏林讀大學時曾去聽過他的課）說康托是腐化年輕人的人、叛徒兼科學騙子。龐卡赫則認為康托得了一種嚴重的數學病症，一種一意孤行的疾病，有朝一日可以治癒。但這個「病症」從未治癒。而到了今日，沒有人認為這是病，康托的想法已公認為數學的一部分，毋庸置疑。大數學家希爾伯特把康托的成就譽為數學天堂；羅素認為康托是19世紀數一數二的偉大知識分子。

在書頁上的無限

無窮無盡的自然數線，是大多數人與「潛無窮」最初、最自然的相遇，但你也可以走另一條路，創造一種不是延伸到天邊的無限大。畫1個正方形，分割成大小相等的9個小正方形，接著把正中央的那個小正方形擦掉，留下4個邊。然後對留下的8個小正方形依樣畫葫蘆，把每個正方形分割成大小相等的更小的正方形，然後擦掉正中央的那一個。接下來，對留下的8×8=64個小正方形再做一次同樣的步驟。如此繼續下去，永無休止地擦掉正中央的正方形（雖然實際上辦不到，但你可以想像），最後會

留下什麼？

　　最後留下的顯然不是空白一片，姑且稱它為 S；構成正方形邊的線段沒被擦掉，仍然留在原位，屬於 S 的一部分。事實上，S 打開了進入美麗無窮世界的大門。如果你把做圖過程中產生的愈來愈小的正方形放大，會看到跟整個圖形一模一樣的圖形（不是看正中央被擦掉的正方形）。因為你在每一個小一點的正方形上，都進行了和原來正方形相同的步驟：把它細分成 9 個正方形，再挖掉中央的。以此類推，永無休止。S 是無限的錯綜複雜；你不斷把愈來愈小塊的局部放大，沒完沒了，同樣的圖形一次又一次出現。這是可以握在你手掌心的無窮。

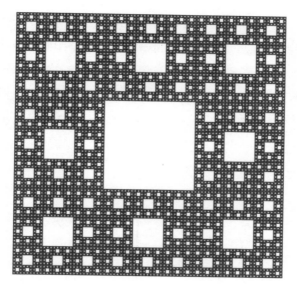

佘賓斯基地毯，這是瓦茨瓦夫・佘賓斯基在 1916 年提出的碎形。

S的這種特徵叫做自相似性（self-similarity）。你也許已經猜到了：S是個碎形（fractal）。之所以稱為碎形，是因為它違反了正常的維數概念。它不是二維的形狀，因為它沒覆蓋任何面積；原來的正方形充滿了洞，最後根本沒有留下多少面積。但它也不是一維的物件，因為你根本沒辦法把它分解成個別的直線或平滑曲線。你可以說服自己，任何一個正方形的邊（它沒被擦掉，所以是S的一部分），都貼著無窮多條更小正方形的邊，但仍然是S的一部分。

把它裝進盒子內

那該如何描述這麼奇怪的野獸呢？最好的方法就是暫時把S從你的腦海中抹去，先想一想簡單的形狀，譬如並排畫在紙上的線段或正方形（下圖中的黑線及黑色正方形）。為了單純一點，我們假設這條線段和正方形的邊長都是1公分。你可以把這條線段剛好放進2個邊長 $\frac{1}{2}$ 公分並排的正方形內（2個灰色正方形可覆蓋黑線），但如果要用邊長 $\frac{1}{2}$ 公分的正方形覆蓋黑色正方形，就需要4個灰色的小正方形。

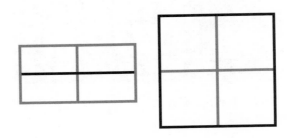

同樣的，你可以把這條線段放進3個邊長 $\frac{1}{3}$ 公分的並排正方形內，但卻需要9個 $\frac{1}{3}$ 公分的小正方形才能覆蓋原來的正方形。

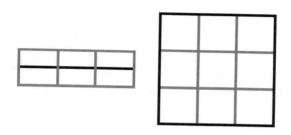

如果小正方形的邊長是 $\frac{1}{4}$ 公分，覆蓋線段只需要4個，但覆蓋正方形卻需要16個。

你或許注意到這當中有個模式，要用邊長 $\frac{1}{n}$ 的小正方形覆蓋線段（n 為某個正整數），你需要 n 個小正方形，可是要用邊長 $\frac{1}{n}$ 的小正方形覆蓋原來的正方形，則需要 n^2 個小正方形。這與形狀的維數吻合：線段的維數是1，對應式子裡 n 的指數部分也是1；正方形的維數是2，對應式子裡 n 的指數部分也是2。即使線段和正方形邊長變長或變短，情形仍然不變：用來覆蓋形狀的邊長 $\frac{1}{n}$ 小正方形的最少數量，不是 n 或 n^2，而是會隨著 n 變大，按 n 或 n^2 的比例增加。

但如果你畫出來的形狀 X 比一條線或一個正方形還要複雜呢？要是 X 比一維「高」，卻比二維「低」，就像前述的 S，那怎麼辦？你還是可以用小正方形來覆蓋，這會形成一個顆粒很粗、看得出構成畫素的 X 近似形狀，用的正方形越小，形狀就越逼近。倘若 X 比一維「高」，但比二維「低」，那麼用來覆蓋 X

的邊長 $\frac{1}{n}$ 小正方形的最少數量，將會（按比例）增加得比 n 更快
（因為 X 不是單純的直線），但卻比 n^2 慢（因為 X 不像正方形的
覆蓋範圍那麼廣）。事實上，1 和 2 之間有個數 d，這個最少數量
就是按 n^d 的比例增加，而 n 的這個指數 d，可以看成 X 的維數。
概略來說，這就是用來計算一個形狀的計盒維數的方式。

那麼前述不斷挖洞做出來的形狀 S 的計盒維數是多少呢？
結果發現大約是 1.8928，介於 1 跟 2 之間，和預期相符。這正是
用 fractal（碎形）描述這種形狀的原因：這種形狀的維數是分數
（fractional），不是整數。

1916 年最先研究 S 這個形狀的，是波蘭數學家瓦茨瓦夫·佘
賓斯基（Wacław Sierpinski），因此以他的姓氏命名為佘賓斯基
地毯。這個遊戲還可以換個玩法，把正方形改成線段。把線段分
成三等分，擦掉中央的三分之一，留下的兩截線段也如法炮製，
分別擦掉中央的三分之一，接著再對留下的四截線段重複同樣
的步驟，以此類推。最後產生的結果叫做康托集（Cantor set，
最初研究它的人就是前面介紹過的康托），既不是零維也不是一
維，它的計盒維數大約是 0.63。改到三維空間的話，你可以從正
方體開始，把它切成 27 個小正方體，挖掉最中心及每面正中央
的小正方體，然後不停重複相同步驟，做出來的形狀稱為孟格爾
海綿（Menger sponge），這是卡爾·孟格爾（Karl Menger）在
1926 年建構出來的，它的計盒維數大約是 2.726833。

處處有碎形

康托、佘賓斯基等數學家開始研究碎形時，都認為這些形狀是古怪的數學產物，而且當時不稱為碎形。直到幾十年後，1960年代，有位名叫本華‧曼德布洛特（Benoît B. Mandelbrot）的IBM研究員有個稀奇古怪的發現。當時他正在檢查電話傳輸上的錯誤，雖然是隨機出錯，但這些錯誤經常會突然大量出現。在更仔細檢查這類錯誤叢發之後，他發現這並不是一個持續，比方說五分鐘的連續錯誤，而是一些更短暫的叢發，其間夾著許多沒有出錯的時段。把較短暫的叢發局部放大，會顯現類似的錯誤叢發與沒有出錯的混雜體，就像把佘賓斯基地毯局部放大，會看到挖掉與沒挖掉的正方形混合體一般。

曼德布洛特對這種重複結構並不陌生，他在商品價格波動中也曾看過，不管是看一整年或一週的波動，變動情形都很類似。事實上，一旦抓到訣竅，就會發現自相似性無處不在。人體肺部和血管的局部也都顯出錯綜複雜的細節，目的是要在身體內盡可能覆蓋到愈多部分愈好。地震與暴風雨不管是大是小，看起來都一樣，因為背後的物理定律無關尺度；近距離看海岸線，看上去就像遠觀一般迂迴曲折。

曼德布洛特明白，在許多情況下重要的不是尺寸，而是不論局部或整體都會重複出現的模式；這是一種無法用古典幾何處理的複雜性。「大自然展現的不僅是更高度的複雜性，而且還是完全不同層次的複雜性。這些模式的存在，促使數學家研究這些遭

歐幾里得視為『沒有明確形狀』而擱置一旁的形狀，探究『無固定形態』之物的形態學。」曼德布洛特說。

　　曼德布洛特發現，早期研究碎形的先驅發展出來的工具剛好適用。他從許多科學文獻裡找到了更多的例子，都是大自然中與碎形相似的模式。1982年他的名作《大自然中的碎形幾何》（*The Fractal Geometry of Nature*）出版了，他在碎形幾何學與動態過程之間建立起重要的關聯：即使是像佘賓斯基地毯那樣簡單的規則，都有可能產生驚人的複雜性，甚至在某些動態過程中還會出現不可預測性。《大自然中的碎形幾何》這本書不但是幾何學方面的重要著作，對於後來的混沌理論也有深遠影響。

　　曼德布洛特清楚知道自己提出了全新的見解，對於跟他同時代的人來說甚至太過創新了，換成是他們，可能寧願謙遜一點。但曼德布洛特好爭辯，個性怪僻，特立獨行，經常轉換研究領域。不過，他的努力確實得到了回報。直到2010年去世之前，他獲獎無數，碎形幾何學已成為公認的數學領域，他的名字也將隨著最著名的碎形之一，曼德布洛特集，而留芳百世。據傳，除了有碎形以他命名之外，他自己的名字也是碎形：Benoît B. Mandelbrot當中的B. 代表Benoît B. Mandelbrot！

大自然裡的無窮

　　雖然碎形在自身的無窮細節中具體展現出無窮，但碎形實際上是虛構出來的。佘賓斯基地毯永遠沒辦法印在紙上，因為沒有一臺印表機能夠印出這樣的細節。然而遇到的阻礙可能還不只這

個；就像第10章談過的，有些物理學家認為，局部格放的精準度有限，因為有最小的基本距離。因此就某種意義上，無限複雜的真正碎形可能只存在於數學想像之中。

但是大自然裡有沒有無窮呢？我們首先想到的是宇宙的潛無窮。宇宙是不是漫無邊際，我們無從得知。很難想像宇宙是有限的，因為假如宇宙是有限的，那麼圍繞在宇宙邊緣的是什麼？不過請再回想一下球體表面。球面是有限的，但你走在上面，卻永遠不會從邊緣摔落，也不會走到盡頭。對於住在球面上的二維生物來說，除了那個球別無他物。類比到宇宙的情形就是，宇宙的拓樸可能是有限的，但你永遠走不到盡頭，它也沒有任何邊緣。

時間可能也是無限的。未來也許是無限的，過去或許也是無限的。物理學家說宇宙誕生於大約137億年前的大霹靂，但他們的意思是，這樣的一件大霹靂事件，創造了現代人所知道的宇宙，但在大霹靂之前不見得是空無一物。

關於時間及空間這兩種可能的無窮，就亞里斯多德的想法來看是潛無窮，意指即使存在，你也到不了。亞里斯多德對這種無窮十分滿意，因為它們沒有會咬人的利牙。不過他也思索過另外一類無窮：實無窮（actual infinity）。它近在眼前，而不是在某個無止境過程的終點。大自然中有沒有實無窮？有沒有哪些可以測量的量，會變成無限大？

實無窮也許會在黑洞的中心發生。質量非常大的物體，譬如一顆恆星，朝著自身內部塌縮，密度變得愈來愈大，最後就會形成黑洞。

　　黑洞形成之後，周圍會有一個事件視界*，這是沒有退路的邊界，越過了這個視界，你就再也出不來了。愈往黑洞中心，密度愈大，理論上認為黑洞中心有無限大的密度。

　　但從黑洞的外面觀察不到無限大，那個視界擋住了你的視線。這個概念促使物理學家潘若斯（潘若斯磚的創作者；請見第5章）提出了**宇宙審查**（cosmic censorship）假說。這個假說的觀點是，自然界裡形成的實無窮，即「裸奇異點」（naked singularity），會永遠藏在視界後方，從外部永遠觀察不到。這只是個猜想，沒有人能夠證明對錯，但還是挺有趣的。即使數學給予人類想像無限大的能力，大自然卻可能小心翼翼地把它藏起來，不讓人看到。若真是如此，那麼真實、有形的無限大將永遠是個謎，是個問號，是個 x……

---

* 是一種時空的曲隔界線。視界中任何的事件皆無法對視界外的觀察者產生影響。

X 最省力的符號X

　　x是個獨特的字母，它代表未知、神祕難解、被禁止，也代表親吻，或藏寶之處。在數學上，它在許多人心底留下陰影，因為 x 代表代數，對很多人來說，那象徵著數學最可怕的一面，不僅與日常生活或常識無關，而且看也看不懂。

　　不過，x 讓事情簡化了。沒騙你，真的是如此！從有歷史記載以來，人類就一直在努力算出未知量。多大的田地才能種出300英斗的穀物？1座金字塔可以放多少石棺？如果3品脫啤酒9英鎊，那1品脫要多少錢？喜歡解啤酒和金字塔問題的埃及人，用了一個很可愛的字來描述未知量：aha。因此，以前述的啤酒為例，若3個aha的值是9，那1個aha的值是多少？你可以想像一位埃及酒客突然想出答案為3時，很滿意地說了聲aha。但那並不是埃及人選這個字的理由，在埃及aha是「堆」的意思，有點無趣。一堆錢，或啤酒，或穀物，或石棺。

　　aha這個字是書吏阿姆斯（Ahmes）在西元前約1650年書寫全長5.5公尺的萊因德紙草書時，所採用的字。用特殊的字詞描

述一般的未知量,是很聰明的點子,不管你計算的是啤酒、穀物還是金字塔,都無所謂。問題是,假如3倍的某物值是9,某物值是多少?根據一般概念來思考並學會如何解決問題,而不管你所處理的物件是什麼,就能找到一個適用於許多情況的解法。這是邁向抽象的一步。

節省力氣

然而,埃及人距離現代人所知的代數還很遠。代數牽涉到代表數及加減等運算的字母與符號,而埃及人就像巴比倫人以及比他們晚許多的文化,是用字詞來討論數學問題,既冗長又晦澀。「如果3個aha的值是9,求aha的值」光是陳述就已經有點難了,若改成現代的代數,這段話可以轉化成下面這個俐落的方程式:

$$3x=9$$

這個算式不但簡短,還可以當作視覺輔具,幫助你解題。方程式就像古早人在市場上拿來量蘋果、穀子甚至啤酒桶的桿秤(石棺大概就不行了),無論你在其中一邊放什麼,都必須在另一邊放等量的物件,否則秤就會往一邊傾斜。在方程式中,若要找出x的值,就必須讓x單獨在其中一邊,所以要把等號的左邊除以3。而為了讓等號成立,右邊也必須除以3,於是就得出:

$$x=3$$

　　你可以從一個更複雜的方程式清楚看到代數的優點。請試試看用文字描述下面這個方程式：

$$3(x+1)+1=10$$

　　不能只是讀出代數喔。你不但很快就會頭昏眼花，還會弄丟視覺輔具。但只要一點點練習，你就能馬上從這個視覺輔具得知，應該先在等號兩邊減1，得出：

$$3(x+1)=9$$

　　接著是兩邊同除以3，得出：

$$x+1=3$$

　　最後兩邊再減1，就得出：

$$x=2$$

　　計算面積或體積的方程式裡一定會有x^2、x^3這類的東西，可以想見這些方程式的文字陳述會變得多複雜。

頑固的文字

　　使用字母及符號這麼方便，但竟花了那麼久才產生出這套系統，實在讓人意外。更出乎意料的是，代數的發展與符號數學的發展並非同一件事。algebra（代數）這個字並非源自希臘文或拉丁文，而是源自阿拉伯文。出自一本書的書名《還原與對消計

算概要》（*al-jabr wa'l-muqabala*），作者是花拉子密（Abdallāh Muhammad ibn Mūsā al-Khwārizmī），西元800年左右，他在巴格達著名的「智慧宮」擔任學者。在他之前的數學家已經開始在代數中使用某些符號數學，像是西元250年左右的希臘人丟番圖（Diophantus），和第0章介紹過的婆羅摩笈多（這位有先見之明發明了0的人）。花拉子密其實沒有用符號，他只用文字，看不到半個符號。不過，現今卻把花拉子密稱為真正的代數之父，因為他提出了求解方程式的確切方法。現代人用algorithm（演算法、算則）來描述電腦能夠用來解題的公式化方法。這個字就是從花拉子密姓氏的拉丁文譯法Algoritmi衍生而來，用以紀念這位條理分明的數學家。

　　儘管代數不斷發展，但在15世紀以前符號並沒有真正在數學上發揮效用。從15世紀開始，歐洲各國及各領域的數學家才精心發明出一個又一個符號。1489年，德國人約翰・韋德曼（Johann Widman）研發可方便管理倉庫的數學時，採用了現代所行的加號（＋）與減號（－）。另外一位德國人克里斯多・魯道夫（Christoff Rudolff），稍後又發明了平方根的符號（√）。等號（＝）是英國人羅伯・雷科德（Robert Recorde）在1557年引進的，另外一位英國人威廉・奧特雷德（William Oughtred）則在1631年的著述中，首次使用乘號。至於除號（÷）則要歸功於瑞士數學家約翰・朗恩（Johann Rahn），才能在1659年首度亮相。

x、y、z

　　然而，賦予字母x及其兄弟y和z特殊地位的，卻是法國人。笛卡兒（René Descartes）在1637年出版的《幾何學》（*La géometrie*）中，用了字母表末尾的幾個字母代表未知量，且用字母表開頭的幾個字母代表固定卻未指定的數；這個慣例一直沿用至今。前面所舉的啤酒例子，還可以把3和9兩數換成a和b，寫成公式：

$$ax = b$$

它的解是：

$$x = \frac{b}{a} \qquad （a不等於0）$$

　　無論x代表的是什麼，這個通解都能成立，只要某個數a乘上x等於另一個數b，就能成立。所以只要把特定值代入a和b，然後你瞧，結果就冒出來了！

　　能夠以公式簡潔扼要地表達出來，使得符號數學變得十分強大。實際上，讓人望之卻步的奇怪符號和抽象方程式只是一種語言，能把那些很難用文字具體說明的事物表達出來。這種語言需要花一點時間熟悉，但應該不會比法文、西班牙文或希臘文更嚇人吧。一旦學會這些字彙，以及把字彙組合起來的邏輯，你就能理解部分的句子，甚至自己造句。

　　笛卡兒的《幾何學》大概是第一本類似今日數學書的著作。除了字母，其中也用了許多現代人熟悉的符號，以及表示變數

取冪的方法，也就是以小字寫在右上角（如x^2）。不過，讓笛卡兒更加出名的，是他在數學、科學及哲學方面的其他貢獻。「我思，故我在」這句名言，是他對過度懷疑論的回應。即使你無法確信周遭所見的一切事物真的存在，像這本書、桌子、你喝的那杯茶，但你仍然可以確定自己看見了，因為你正在思考。笛卡兒在他的哲學專著《方法論》（*Discours sur la méthode*）中描述了這套思路，而且還針對為什麼彩虹是拱形，提出有史以來第一個數學解釋，這段解釋就藏在著作結尾。在數學上，他因笛卡兒坐標系而名垂青史，現代人太習慣這套坐標系了，幾乎不會去想它是人為創造的東西。

標出地點

笛卡兒喜歡在床上躺到中午，據說（可能不是真的）他就是在從事這項崇高活動時，想出了坐標系的概念。他觀察著天花板上的蒼蠅，心想要如何描述蒼蠅的位置。他想到一個做法是，先從房間的四個角落選一個，譬如視線左下角的天花板，而你必須從這個角落往右移，再往上移，才能走到蒼蠅所在的位置。只要蒼蠅留在原地不動，牠的位置就能由兩個數來給定，這就是坐標，同時也顯示了蒼蠅所在的天花板是二維的。

第4章已經提過這種描述點的位置的方式（即笛卡兒坐標）。如果想像天花板朝著四面八方無限延伸，再把天花板的左邊界和下邊界換成兩條互相垂直的軸。每個點皆有兩個坐標：第一個坐標定出水平方向的位置（負數代表這個點在縱軸的左

側），第二個坐標定出垂直方向的位置（負數代表它在橫軸的下方）。

　　笛卡兒坐標在日常生活中隨處可見，包括你在報紙上看到的股價走勢圖。要製作這類圖，首先要把時間標在橫軸上，股價標在縱軸上。如果x日的股價是y，你就在這兩條軸構成的坐標系中，標示出坐標為（x, y）的點。若是把你想知道的某段期間內所有x日的y點標在圖上，就會形成報上常見的鋸齒狀曲線。生活中還有許許多多其他的情況，牽涉到兩個彼此有關的變數，凡是遇到這樣的情況，笛卡兒坐標都能顯示出變數間的關係。

從符號到形狀

　　笛卡兒坐標在數學上有極大的影響，因為它以史無前例的方式消弭了代數與幾何的界限。正如第4章提到的，你可以利用這些坐標描述幾何形狀。半徑為r、圓心在點（0, 0）的圓上的每個點，其坐標（x, y）皆能滿足下面這個代數方程式：

$$x^2 + y^2 = r^2$$

　　如果坐標x和y相同，也就是滿足y=x的所有點，譬如（0, 0）、（1, 1）、（2, 2）、（3, 3）等，則會出現更簡單的形狀，也就是通過（0, 0）這個點、剛好平分兩軸所夾直角的直線。

　　把方程式裡的x乘上一個大於1的數，就可以讓這條直線變得更陡斜，比方說：

$$y = 2x$$

或是改乘上一個小於1的數，讓直線更平緩，譬如：

$$y = \frac{1}{2}x$$

如果讓 x 乘上負數，像是：

$$y = -2x$$

傾斜的方向就會從左下斜向右上，變成從左上斜向右下。

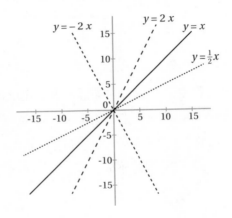

　　如果你希望讓直線上下平行移動，只要加或減一個數就行了。比如說，下面的方程式：

$$y = 2x + 1$$

　　會與縱軸相交於點（0，0）上方1單位的位置，而減1的方程式：

$$y=2x-1$$

則相交於（0,0）下方1單位的位置。

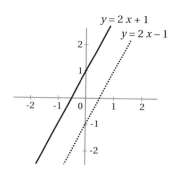

最棒的是，你可以利用這種方式表現出所有的直線。由此，就得出了描述直線的一般式：

$$y=ax+b$$

a 和 b 兩數分別決定這條直線的斜率及它在平面上的位置。任何一點的坐標（x, y）如果滿足這個方程式，就代表此點落在這條直線上。

代數幾何或幾何代數？

這種表示方式讓你可以用代數處理幾何問題，以及用幾何處理代數問題。舉例來說，假設題目要你求出滿足以下兩個方程式的所有 x 和 y：

$y = -x + 6$

及

$y = 2x$

　　而你真的不喜歡代數，就可以試著找出兩個方程式表示的直線。把0和1代入第一個方程式的x，你會發現第一條線通過（0, 6）和（1, 5）兩點。再把0和1代入第二個方程式計算，你會得出第二條線通過（0, 0）和（1, 2）兩點。接著將這兩條線畫在笛卡兒坐標平面上，你只要拿尺畫出這兩對點的連線，非常容易。假如一個數對x和y同時滿足兩個方程式，對應點（x, y）就會落在兩條線上，因此這個代數問題的答案，就是這兩條線的交點。從你畫出的圖，就能看出這個點的坐標是（2, 4），意思就是$x = 2$和$y = 4$可以滿足這兩個方程式。

　　相反的，假設題目是幾何問題，要你找出兩直線的交點，而你沒有尺和紙筆，但你懂一點代數，就可以嘗試解開這兩個方程式：

$y = -x + 6$

及

$y = 2x$

這樣就能用代數的方式來解題。

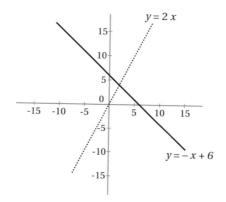

兩線的交點（2, 4），即為能滿足兩個方程式的數

　　當然，這個問題相當基本，但重點是，兩個變數x和y之間的任何一種代數關係，都可以在笛卡兒坐標平面上畫成幾何形狀，而構成這個幾何形狀的所有點，坐標（x, y）都滿足這個代數關係。反之亦然，你熟悉的許多幾何形狀都可以用代數來描述，譬如第60章提過的，希臘人鍾情的圓錐曲線，就有專屬的方程式，特色是這些方程式裡的x都是二次的（見右頁專欄）。例如第 τ 章介紹過的平緩起伏正弦波及餘弦波，就是以下這兩個方程式產生的曲線：

$$y = \sin(x)$$

及

$$y = \cos(x)$$

　　現今很多學生把這些幾何形狀和其代數表示，視為同一件事，這證明了笛卡兒及其同時代的人在幾何代數化方面的概念，有多大的影響力。他們播下的種子促成了微積分的發展，微積分談的就是改變兩個應變數之後，會得到怎樣的變化率（詳見第 e 章）。如今這些概念已經自成一個完整的數學領域，稱為代數幾何學。和笛卡兒同時代的顯要人物費馬（第 $\sqrt{2}$ 章已介紹過他著名的最後定理），也不約而同地獨自發展出笛卡兒坐標系。非常有趣的是，費馬最後定理提出後三百五十多年，終於成功獲得證明，當中用到的輔助工具，就來自代數幾何。

圓錐曲線方程式

代表橢圓的方程式：

$$\frac{x^2}{a^2} + \frac{y^2}{b^2} = 1$$

當 a 和 b 相等時，就變成圓的方程式。

代表雙曲線的方程式：

$$\frac{x^2}{a^2} - \frac{y^2}{b^2} = 1$$

代表拋物線的方程式：

$$y = ax^2$$

賴床的代價

　　我們不曉得笛卡兒的想法有多少是躺在床上想出來的，但他喜歡賴床一整個早上的習慣，似乎有可能害他在1650年，54歲時長眠。當時他受克莉絲蒂娜女王（Queen Christina）的邀請，到瑞典教她數學。很不幸，女王比較喜歡早晨工作。有人說，早起和北國的氣溫害笛卡兒染上肺炎而病逝，也有人說他是被一位天主教神父毒死的，因為那位神父擔心笛卡兒的激進神學思想。無論如何，小小的字母x都該好好請笛卡兒喝一杯，答謝他賦予的特殊地位。

　　但願我們已經說服你x並不嚇人也不奇怪，只是數學語言中的友善用字。通常它只是個占位符號，代表數字這個真實無害的東西。不過，這個用來代表未知量的符號卻引出了一個更稀奇古怪的概念：虛數。

i 從虛數世界走到影像合成

　　有時候，數學會絆你一跤。你著手解一個看似完全無害，而且以前也解過很多次的問題。你埋首苦幹，試盡方法，可是很快就墜入迷霧之中。驀然回首，才發現自己跌出了數線的邊緣，四周是一片陌生未知的數學風光。

　　發生這樣的情形時，你有幾個選擇。你可以閉上眼睛，慢慢後退，假裝啥事也沒發生；你也可以屏住呼吸，小心謹慎地穿過這片未知之境，直到你回到踏實的數學土地為止；又或者，你可以像最優秀的探險家一樣，探索這片陌生的新世界，尋找新的數學，大膽走向還沒有數學家踏過的境地。

閉上眼睛，慢慢後退

　　在西元一世紀末葉，海龍（Heron of Alexandria）發現自己處在這樣的情境中。他在著作《立體求積法》（*Stereometria*）裡，發表了一個可算出角錐臺高及體積的簡單算式；角錐臺就是

把角錐（金字塔）頂部截掉，由上下正方形底面和筆直的斜坡面構成的形狀。海龍先用一個正方形下底邊長為10、上底邊長為2、斜邊長為9的角錐臺，來示範自己的公式，並輕鬆算出這個形狀的高 h 是7：

$$h=\sqrt{c^2-\frac{(a-b)^2}{2}}=\sqrt{81-\frac{64}{2}}=\sqrt{49}=7$$

算式中的 a 和 b 是正方形下底及上底的邊長，而 c 是斜邊的長度。

接下來海龍把這個方法試用在不同的例子上，下底邊長 $a=28$，上底邊長 $b=4$，而斜邊長 $c=15$。這一次，他算出的高是：

$$h=\sqrt{c^2-\frac{(a-b)^2}{2}}=\sqrt{225-288}=\sqrt{-63}$$

等一等，這個答案，即 -63 的平方根，是自乘之後得出 -63 的那個數（這是平方根的作用）。不過，就像第1章提過的，任何數自乘之後的結果都是正數；即使原來的數不是正數（負數），負負也得正。因此，$\sqrt{-63}$ 這個數不存在。

海龍找到了一個不可能的例子，這種尺寸的角錐臺不可能存在；這同時也是第一個被記錄下來，牽涉到負數平方根計算的例子。只不過，他的書上記載的解是 $\sqrt{63}$，不知道他究竟是刻意咬牙閉眼，無視這個奇怪的結果，還是根本就算錯了，而沒注意到。無論如何，他在遇到一窺未知數學之地的大好機會時，選擇

閉上眼睛並往後退。

錯誤與數學榮耀

我們可以原諒海龍對自己的發現視而不見。每個人都難免（有些人是經常）犯愚蠢的錯，所以比較容易認為是自己在算術或代數運算上弄錯了，而不會想到自己錯失了一個足以改變世界的大發現。幾百年後才有人徹悟這根本不是弄錯了，而是海龍窺見了一個奇特的數學領域。

轉眼來到16世紀，一個代數蓬勃發展的時代，數學家競相解方程式，不單是為了提升自我，更是為了打響知名度，在事業上更上層樓，甚至贏得獎賞。其中一個當紅的挑戰，是求解三次方程式。這些方程式都有某個未知量x，而x的最高次數是3，例如：

$$x^3 - 6x - 4 = 0$$

任何一個三次方程式都可以寫成：

$$x^3 + ax^2 + bx + c = 0$$

其中a、b和c是某些值。

從古希臘和埃及，數學家一直為三次方程式絞盡腦汁，部分原因是，物理或幾何問題可能會產生三次方程式。舉例來說，正方體或球體的體積要由邊長或半徑的三次方來計算。

數學家真正想找的，是相當於二次方程式公式解（第12章

介紹過了）的三次公式解。更重要的是，他們知道每個三次方程式都有至少一個x值會成立，意思就是，一定會有某個數代入x之後，讓算式等於0。

　　從上述的例子就能得知。

$$x^3 - 6x - 4 = 0$$

　　如果你把非常大的正數代入x，比如$x = 1000$，會蓋過其他各項，而得出非常大的正數：

$$1000^3 - 6 \times 1000 - 4 = 999,993,996$$

　　同樣的，如果把絕對值很大的負數代入x，這一項也會蓋過其他各項，但這次是得出絕對值很大的負數：

$$(-1000)^3 - 6 \times (-1000) - 4 = -999,994,004$$

　　x這個數沿著數線從很大的負數滑向很大的正數時，解也會從很大的負數連續變化成很大的正數（連續的意思是沒有中斷或跳躍），而在途中一定會通過0，所以一定有某個x值能讓方程式等於0，那個值就是方程式的解。

數學爭鬥

　　16世紀時，數學家已經知道許多技巧，可用來找出滿足某類型三次方程式的x值，但通解仍然不得而知。數學家發現新解法時，通常會保密，好讓自己占有數學競爭優勢。而這也表示，

一些大數學家鮮少發表成果，像活躍於義大利波隆納的希皮歐·戴爾·費羅（Scipio del Ferro），但他其實是第一位在研究三次方程式上有重大進展的數學家。他發現了**缺項三次方程式**的通解；缺項就是指那些方程式沒有二次項。當時把這類型的三次方程式稱為「未知加上立方等於數」，也就是形式為 $x^3 + bx = c$ 的方程式。

另外一位成功挑戰三次方程式的數學家是尼科洛·馮塔納（Niccoló Fontana），但他更為人所知的是塔塔利亞（Tartaglia）這個綽號。他是才華洋溢的年輕數學家，度過了悲慘的童年，不但家境貧困，6歲時父親被人殺害，家裡更是一貧如洗，他12歲時還差點被士兵砍死。當時法軍占領了他的家鄉，一名士兵用軍刀砍傷塔塔利亞，割傷了他的上下顎，母親悉心照護讓他脫離險境，但留下了醜陋的傷疤和結巴的毛病，他的綽號 Tartaglia（意為「說話結巴的人」）就是這麼來的。後來他繼續自學數學，直到找到一位資助人，才能夠求學，隨後成為數學老師。塔塔利亞發現了另外一種類型的三次方程式的解法，其形式為 $x^3 + ax^2 = c$，當時稱為「平方加上立方等於數」。

1526年，費羅在病榻上把自己的所知傳給學生安東尼奧·費耶（Antonio Fiore）。費耶一得到這張祕密王牌，就向塔塔利亞下戰帖，來一場公開的數學決鬥。塔塔利亞出了各種題目給費耶求解，而資質平平的費耶仗著他的王牌，出了30個不同的缺項三次方程式給塔塔利亞。剛好就在決鬥前一晚，塔塔利亞成功地找出缺項三次方程式的解法，結果費耶適得其反：塔塔利亞對費耶，1比0。

　　義大利大數學家吉羅拉摩・卡爾達諾（Girolamo Cardano）私下得知了這樣寶物。塔塔利亞向卡爾達諾透露祕密，條件是他要「以聖經福音書和紳士協定之名鄭重發誓，絕不會發表這個解法」，然而卡爾達諾察覺費羅早一步發現了同樣的解法，所以他就把這個解法寫進自己1545年的大作《大術》（*Ars Magna*）中。

　　對於自己的行為，卡爾達諾的辯解是他發表了費羅的解法，並沒有違背他和塔塔利亞的約定，而且還給了這兩位數學家應得的功勞。但塔塔利亞大為震怒，隨即發生激烈的爭執，甚至還約定1548年8月10日在米蘭一座教堂內，公開進行馬拉松式的辯論。在拳擊臺的一角，是卡爾達諾的學生羅多維科・法拉利（Lodovico Ferrari），他和老師卡爾達諾合著《大術》；另一角則是塔塔利亞。最後鐘聲響起時（可能是敲晚餐鐘，因為塔塔利亞說這次會面在接近晚餐時分才終於結束），是法拉利贏了。他因為這場辯論，享有非凡的數學生涯，塔塔利亞卻失去了大學教職。這也證明了這些競爭對於贏家與輸家有非常實質的影響；不管在情場和數學場上，都必須不擇手段。

屏住呼吸，抱持樂觀態度

　　費羅和塔塔利亞不約而同找到了可解缺項三次方程式的公式。卡爾達諾在《大術》中證明，任何一種三次方程式都可以透過一個很困難的變數代換法，寫成缺項三次方程式，也因此能利用費羅和塔塔利亞的公式，求解任何一種三次方程式。

卡爾達諾的獨到見解比求解一個千古問題更加高明。有時候缺項三次方程式產生的解會牽涉到負數的平方根,例如,以公式來計算 $x^3-6x-4=0$,會得出:

$$x=\sqrt[3]{(2+2\sqrt{-1})}+\sqrt[3]{(2-2\sqrt{-1})}$$

($\sqrt[3]{n}$ 這個符號代表 n 的立方根,也就是三次方之後會得到 n 的那個數,譬如 $\sqrt[3]{8}=2$。)

不同於幾世紀以前的海龍,或是同輩費羅和塔塔利亞,卡爾達諾沒有對這些奇怪的解置之不理,或假裝這些解不存在。他可能不喜歡這些解,但他仍然咬著牙繼續做下去,因此成為第一位把負數的平方根當成普通的數來計算的數學家。

第一個記載下來的例子就出現在《大術》一書中,卡爾達諾想找出相加為10、相乘為40的兩個數。利用求解對應方程式的已知技巧(見次頁的專欄),他求出的解是:

$$x=5+\sqrt{-15}$$

和

$$y=5-\sqrt{-15}$$

其中牽涉到當時不合規定的負數平方根。此時卡爾達諾屏住呼吸,把「心理的煎熬暫且擱下」,繼續演算下去。如果把 $5+\sqrt{-15}$ 和 $5-\sqrt{-15}$ 當成普通的數相乘,會得到:

$$(5+\sqrt{-15})\times(5-\sqrt{-15})$$

卡爾達諾的問題

卡爾達諾想要找出相加為10而相乘為40的兩個數。令兩數為 x 和 y，這個問題就可以轉換成：

$x+y=10$

$xy=40$

由第一個方程式可得出：

$y=10-x$

代入第二式的 y，得可出：

$x（10-x）=40$

將這個算式整理一下，變成二次方程式：

$x^2-10x+40=0$

卡爾達諾就是從這個方程式求出以下這組解：

$5+\sqrt{-15}$

及

$5-\sqrt{-15}$

$$=25-5\times\sqrt{-15}+5\times\sqrt{-15}-\sqrt{-15}\times\sqrt{-15}$$
$$=25-(-15)$$
$$=25+15$$
$$=40$$

這是個完全合乎規定的數。

卡爾達諾是第一個離開數線、踏進未知境地的數學家，這在數學上是具革命性的一步。但他僅僅樂意短暫逗留，就又回到清楚可見的實數之路，而且不只是他，像笛卡兒這麼有影響力的數學家，現代數學家用他發展出的坐標系來描述平面上或更高維空間中任何一點的位置（詳見第4章和第x章），但他在名作《幾何學》中寫到負數的平方根時，也和卡爾達諾一樣覺得反感。笛卡兒把這些數歸為「虛的」，意指這些數代表的解無法實際想像出來，或是他無法靠幾何來想像。

大膽走向……

但有一個人沒那麼容易被那些「虛」數嚇到，就是偉大的歐拉。我們在這趟旅途中已經和歐拉打過幾次照面，因為他至今仍然名列最多產的數學家之一，而且對許多數學領域都做出貢獻，其中還有很多是他創作的。即使在60多歲因白內障完全失明之後，歐拉仍繼續做數學，包括寫作教科書《基本代數學》（*Elements of Algebra*）。他向一個年輕的僕人口述這本書的內容，在這個過程中僕人想必學到了不少數學。

歐拉在這部著名的《基本代數學》中，提到負數的平方根「通常稱為虛量，因為這些數只存在於想像之中……儘管如此……沒有任何事能妨礙我們運用這些虛數，以及用這些數做計算」。由於歐拉，後世數學家才會用字母 i 代表 $\sqrt{(-1)}$。他也非常樂於運用現今所稱的**複數**，也就是由普通的實數與虛數組合成的數，譬如：

$$1+2\sqrt{-1}=1+2i$$

或

$$10-5\sqrt{-1}=10-5i$$

一般來說，複數都可以寫成 $a+ib$，其中的 a 和 b 是實數。第一個部分只有 a，沒有牽涉到 i 這個奇怪的數，很貼切地稱為複數的實部，而第二個部分 b 稱為虛部。

不像卡爾達諾和他的 16 世紀同僚，躡手躡腳地踏進複數稍微繞個道，很快又回到普通的實數線上，歐拉欣然地在複數泥潭裡攪和，就像喜歡在爛泥巴裡打滾的豬。他一走進新領域就開始探險，看看能有什麼新發現。他利用許多可以表示 e 這個數的寫法（詳見第 e 章），找出了取 e 的虛數次方的意義，而且還發現自己其中一個最著名的結果，由這個結果可以導出數學上最受喜愛的方程式之一：

$$e^{i\pi}+1=0$$

許多數學家認為，這個恆等式（現稱為**歐拉恆等式**）具體展

現出數學之美。它用了四個最重要的數學運算與關係（加、乘、指數及相等），在數學上最重要的五個數（0、1、e、π 及 i）之間建立起一個優雅且看似簡單的關係式。

歐拉恆等式其實是歐拉公式的特例，歐拉公式為：

$$e^{i\theta} = \cos\theta + i\sin\theta$$

其中牽涉到三角學上的正弦及餘弦概念，第 τ 章曾介紹過。這個了不起的結果提供了一個方法，讓數學家把指數函數延伸到任何一種數，不管是複數還是實數。而歐拉有所不知的是，這個公式也提供了兩個方法，讓數學家看見複數；讓複數從想像躍然紙上。但做出這個大跳躍的，不是歐拉這位史上數一數二的大數學家，而是一位普通的挪威測量員，名叫卡斯珀・韋瑟（Caspar Wessel）。

測繪無人涉足的疆域

韋瑟是為丹麥政府工作的測量員兼地圖繪製員，他為了繪製出準確的地圖，利用三角測量與三角學發展出很多複雜的數學方法。他經常在自己的地理成果後面附加文章，解釋他的新理論想法。這種創新的做法，促使他寫出一篇純粹談數學的論文。1797年3月10日，韋瑟的論文〈論方向之解析表示法〉（On the analytic representation of direction）提交到丹麥皇家科學院。韋瑟並不是科學院的成員，所以無法親自提交論文。但科學院接受了，這是第一篇非成員的論文，而且兩年後也刊登在他們的期

刊上，可惜這篇論文對數學界並沒有產生該有的影響。直到幾年後，業餘法國數學家尚—羅貝爾・阿岡（Jean-Robert Argand）重新發現了韋瑟的想法，他的創見才開始出名。

　　韋瑟的創新想法，是把複數想像成普通數線延伸出的一個平面，稱為複數平面。靈感很可能來自他擔任測量員的經驗以及工作中發展出來的數學方法。像 $3+4i$ 這樣的複數，是由一個數對指定的，也就是（3, 4）。第 x 章曾提過，這樣的數對可視為坐標，指出一個點，位在兩條互相垂直的軸所構成的平面上，只要沿著水平方向朝右走 3 步，再沿垂直方向朝上走 4 步，就能走到這個點。一般來說，任何一個複數 $a+bi$，都可以用大家熟知且喜愛的笛卡兒坐標系，表示成坐標為（a, b）的點。

　　這種簡潔的表示法也顯示出把兩個複數相加或相減代表的意義。譬如，要把 $1+2i$ 和 $3+4i$ 相加或相減，就是把實部及虛部個別相加或相減：

$$(1+2i)+(3+4i)=(1+3)+(2+4)i=4+6i$$
$$(1+2i)-(3+4i)=(1-3)+(2-4)i=-2+-2i$$

　　若把這兩個數表示成平面上的兩點（1, 2）及（3, 4），那麼相加的意思就等於把兩點的坐標加起來，得出坐標為（4, 6）的點，而相減就得出坐標為（−2, −2）的點。簡單吧！

正確的方向

　　韋瑟把複數 $a+bi$ 想成平面上的點（a, b），但考慮到他的經

歷，這些點應該也代表了方向與距離，這對他而言是更重要的事。要描述平面上的一個點（a, b），也可以從兩條坐標軸的交點，也就是原點（$0, 0$），畫出一個箭頭指向目標的點（a, b）。

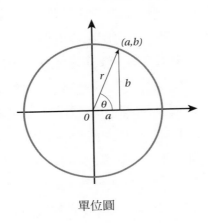

單位圓

　　這個箭頭的長度稱為 r，而箭頭與橫軸所夾的角度稱為 θ（如圖）。利用著名的畢氏定理和一點三角學，就可以找出這個點的笛卡兒坐標（a, b）與箭頭長度 r 和方向角 θ 的關聯（見次頁的專欄）。兩者之間的關係是：

$$r \sin \theta = b$$

及

$$r \cos \theta = a$$

寫成複數 $a + ib$ 就是：

$$r \cos \theta + i \times (r \sin \theta)$$

$$=r\left(\cos\ \theta+i\sin\ \theta\right)$$

而由歐拉公式，可以得出：

$$r\left(\cos\ \theta+i\sin\ \theta\right)=re^{i\theta}$$

把坐標寫成箭頭

假設你有笛卡兒坐標為（a, b）的一個點，想要描述從原點（$0, 0$）指向（a, b）的箭頭。根據著名的畢氏定理（詳見第 $\sqrt{2}$ 章），此箭頭的長度是：

$$r=\sqrt{(a^2+b^2)}$$

而三角學則顯示，箭頭與原點右半邊橫軸的夾角有以下的關係式：

$$\sin\ \theta=\frac{b}{r}$$

和

$$\cos\ \theta=\frac{a}{r}$$

這表示：

$$r\times\sin\ \theta=b$$

而

$$r\times\cos\ \theta=a$$

　　把複數寫成 $a+ib$ 的形式，馬上就能得知這個數在平面上代表的點的笛卡兒坐標；若把它寫成 $re^{i\theta}$ 的形式，則描述了指向那個點的箭頭長度與方向角。$re^{i\theta}$ 這個表示式有點嚇人，但別管其中的 e 和 i 及它們代表什麼，只要想成一個給定長度及方向角的箭頭就行了。

　　有了韋瑟的新見解，著名的歐拉恆等式就豁然明朗了：$e^{i\theta}$ 就是長度為1、與正 x 軸夾 θ 角的箭頭。由於 π 弧度等於180度，箭頭 $e^{i\pi}$ 就落在原點左邊的橫軸上，指向點（$-1, 0$）。在複數平面上，這個點代表的數是：

$$-1+0\times i=-1$$

所以你馬上就能看出：

$$e^{i\pi}=-1$$
$$e^{i\pi}+1=0$$

　　而韋瑟的創新見解也說出了複數相乘的道理。假設第一個複數是長度為 r、方向角為 θ 的箭頭，第二個複數是長度為 s、方向角為 φ 的箭頭，這兩個數可以寫成 $re^{i\theta}$ 與 $se^{i\varphi}$，因此要把兩數相乘，就必須算出：

$$re^{i\theta}\times se^{i\varphi}$$

　　根據指數法則（詳見第 e 章），r 和 s 要先相乘，再把 e 的指數部分相加：

$$re^{i\theta} \times se^{i\varphi} = rse^{i(\theta+\varphi)}$$

即可得到一個新的複數，是長度為 rs、方向角為（θ＋φ）的箭頭。因此，把 $re^{i\theta}$ 與 $se^{i\varphi}$ 相乘，等於先把定義 $re^{i\theta}$ 的箭頭放大或縮小（乘上 s 讓它變長或變短），然後再旋轉（把方向角增加φ）。如此一來，這些抽象怪物的相乘，突然間變得有形了。

韋瑟想要找個簡單的方法表示並處理方向，這個願望竟然給了後世一個實實在在描繪複數及其相互影響的方法。曾經看起來虛幻、甚至嚇人的東西，變得清晰明白了。

一旦克服了複數，數學家很快就發現有用之處。複數把描述平面上的旋轉，變成簡單的乘法運算。比方說，你想把一個向量旋轉90度，就把這個向量乘上 i。愛爾蘭數學家威廉・朗恩・哈密頓（William Rowan Hamilton）學到這個輕鬆的二維旋轉描述方法後，就展開了長達三十年的探索，想要找到類似方法描述三維中的旋轉。最後他終於發現答案。某天他從都柏林布魯橋（Broome Bridge）下走過時靈光一閃（現在橋下有一塊匾，紀念這一刻），想到把複數擴展到三維空間，結果創造了四元數（quaternion）。

現在要談談電影了……

每次你看電影，尤其是含有大量電腦合成影像的電影，就會遇到哈密頓的巧妙發現。虛構出來的怪物，像《魔戒》（*Lord of the Rings*）與《哈比人》（*The Hobbit*）中討人喜歡的咕嚕，都要感謝數學不吝相助才能存在。動畫師在製作這些怪物時，會先用

金屬絲網做出外形，這個金屬絲網是由很多單獨小平面構成的，通常是三角形，就像第3章介紹過的。這個網很容易儲存在電腦中，也就是把各個三角形的頂點用三維的笛卡兒坐標表示。

要讓金屬絲骨架有生命，就需要替每塊小平面上色。如果你想讓你的怪物看起來像真的一樣，著色時就必須考量到場景的打光。這時就少不了數學，原因就如第3章提過的，你必須算出從太陽或燈發出的光線是否會照到某塊小平面，如果會，就必須讓那塊小平面的顏色更明亮。

但你若要讓怪物移動，就更麻煩了。把真人的動作拍攝下來，是這個過程的重要環節。首先把反光板綁在要拍攝的人身上的關鍵位置，再拍下他四處走動，然後把那些反光板的變動位置輸進電腦，藉此讓你製作的怪物像是真的在走動。不過，你還需要快速有效的技術來旋轉物件（也許是手臂或腿的局部，或是物體旋轉）。這些物件是由外部各個小平面的坐標來表示，而這正是複數、特別是四元數派上用場的地方。這些發明源自求解三次方程式的競賽，最後竟提供了旋轉的工具。

這是我們最喜歡的複數應用，但絕對不是唯一的一個。複數有個優點是，只用一個數就描述兩件資訊，即兩個坐標，或箭頭的長度與方向角。複數在電機工程方面（計算電路中的電壓和電流）極為重要，而在流體動力學、訊號處理及許多科學領域上，也讓問題更方便處理。更不消說，在日常生活裡，不管是看電影賣座大片，還是用手機打電話，都多虧了踏進虛數世界的那一步才得以成真。

證明完畢

　　這趟數學旅程已接近尾聲，希望你喜歡我們最愛的這些數學景點和故事。我們從這些年來許多數學家跟我們分享的眾多想法中，挑選出這些內容。他們騰出時間接受深度訪談，邊喝著咖啡或喝酒，邊引導我們穿過難以親近的濃密數學論文叢林。我們很感激他們的耐心、寬宏大量與熱忱。

　　瑪莉安在探索數學的起步過程中，獲得倫敦大學瑪麗皇后學院數學教授蕭恩・布雷特（Shaun Bullett）的協助，耐心地指導她攻讀博士，帶領她踏進數學研究的世界。瑞秋在鮑伯・蘇利文（Bob Sullivan）和雪柔・普萊哲（Cheryl Praeger）的協助下開始這條路。蘇利文最先激勵出她對於闡述事情的熱愛，而普萊哲是西澳大學美麗校園中最先啟發她對純數學興趣的人。當然還有她在澳洲數據分析（Data Analysis Australia）的約翰・韓斯翠（John Henstridge）旗下擔任諮詢師期間，見識到數學在生活各層面的影響力。

　　感謝Quercus出版社這麼有趣的提案，也要謝謝我們和善的

經紀人彼得‧泰利克（Peter Tallack）讓這件事成真。我們特別要感謝Quercus出版社所有的人，包括文字校對、文稿編輯和美術設計人員，在這本書的製作過程中給予協助與支持。

最早讓我們看見數學傳播世界的是海倫‧喬伊斯（Helen Joyce），她現在是《經濟學人》（*The Economist*）國際組編輯。先前在《Plus》雜誌擔任編輯時，海倫分享了她對數學的熱情，以及她向大眾講述數學故事的專長。瑞秋跟隨牛津大學Simonyi講座教授兼數學教授馬可斯‧杜索托伊（Marcus du Sautoy）進行倫敦數學步道期間，學到了許多關於講故事的經驗。劍橋大學數理科學教授、千禧年數學計畫（Millennium Mathematics Project）主持人約翰‧巴羅（John D. Barrow），在數學和寫作上有長年的經驗，也讓我們獲益良多；《Plus》雜誌正是這項計畫旗下的線上雜誌。約翰是我們在劍橋辦公室的隔壁鄰居，他不但針對各種體育賽事提供現場評論（對我們來說是白雜訊），也傳授他對於許多數學領域的獨到見解，以及他在傳播數學知識方面的技巧，他在多本科普書裡證明了這一點。

當然，沒有家人和（愛數學與怕數學的）朋友的支持鼓勵，這本書也不可能誕生。瑞秋想感謝父母的求知欲，感謝查爾斯（Charles）的信任，謝謝亨利（Henry）和艾略特（Elliott）時時提醒她發現數學和寫作的興奮感。瑪莉安想感謝父母的愛和支持，以及他們在她身上播下愛好數學的種子，還要謝謝所有的朋友在寫作期間的連假給她的耐心鼓勵。

這是這本書的結尾，但絕對不是這段旅程的終點。我們寫這本書的理由之一，是想破除數學「已完結了」的迷思，揭露數學

的真實面貌：充滿生命力與活力，對人類的世界極其重要。數學在技術上、對於自然界複雜性的理解上，以及引領人類走向最遙遠空間與時間的過程中，都占有一席之地，是日常生活中不可或缺的。真要說起來，數學日後只會愈來愈重要，即使表面上看不出來。就如17世紀伽利略所說，數學是「宇宙的語言」。最令人興奮的是，數學接下來會說些什麼？我們迫不及待想知道。

給我來點特別的參考書目！

寫這本書最棒的一點，就是能重讀我們最喜歡的幾本書。而且令人興奮的是，能讀到本書中提及的幾個原始出處，譬如古印度教科書的重印本，夏農在1930年代寫的碩士論文的電子版，以及珍貴的19世紀版的納皮爾《奇妙對數規則》（*Wonderful Canon of Logarithms*）。以下是我們寫作這本書時最喜歡的一些參考書目，推薦你一讀！

第0章

The Book of Nothing, John D. Barrow, Pantheon, 2001. 作者是我們的好朋友（也是頂頭上司！）巴羅，其中把空無的概念寫得深入淺出。

Colebrooke's Translation of Bhaskara's Lilavati, Asian Educational Services, New Delhi, 1993. 這是我們讀過最富詩意的教科書之一。其中的數學題目牽涉到蜜蜂、蓮花、鱷魚，做起來也更加有趣。

第1章

想見識一下數位世界的發端，可以讀一讀夏農的這篇論文：'A mathematical theory of communication', *The Bell System Technical Journal*, Vol. 27, July 1948, pp. 379–423; October 1948, pp. 623–656；論文網址是：cm.bell-labs.com/cm/ms/what/shannonday/shannon1948.pdf。

你也可以看更早期的，布爾的精采之作：*An Investigation of the Laws of Thought, on which are Founded the Mathematical Theories of Logic and Probabilities*，這本書出版於1853年，有線上版可以看：www.gutenberg.org/files/15114/15114-pdf.pdf。

第√2章

《混沌：不測風雲的背後》（*Chaos: Making a New science*, James Gleick, Vintage Books, 1997，天下文化出版）這本書對於混沌理論的發展過程，有非常有用且詳實的描述。

《費瑪最後定理》（*Fermat's Last Theorem*, Simon Singh, Fourth Estate, 2002，臺灣商務印書館出版）是個通俗易懂、引人入勝的故事，描寫了追尋一道偉大數學難題、最後終於成功解開的歷程。

第 φ 章

《黃金比例：1.618... 世界上最美的數字》(*The Golden Ratio: The Story of Phi, the World's Most Astonishing Number*, Mario Livio, Broadway Books, 2002，遠流出版) 這本書對這個數的廣泛涵蓋面，有非常引人入勝又詳盡的敘述。

另外在羅恩·諾特 (Ron Knott) 的數學網站上，還有個費波納契數及黃金分割的知識寶庫，網址是：www.maths.surrey.ac.uk/hosted-sites/R.Knott/Fibonacci/fibnat.html

第 2 章

The Music of the Primes: Why an Unsolved Problem in Mathematics Matters, Marcus du Sautoy, Harper Perennial, 2004. 這是帶你走過質數與黎曼假設的奇妙旅程。

第 e 章

The Construction of the Wonderful Canon of Logarithms; and their Relations to their Own Natural Numbers, John Napier, 1619, translated from Latin into English by William Rae Macdonald, 1888. 我們在圖書館借到的居然是1888年版的譯本，泛黃的書頁用一條褪色的絲帶繫著，借到書時我們簡直不敢相信。

第6章

《6個人的小世界》（*Six Degrees: The Science of a Connected Age*, Duncan J. Watts, Vintage Books, 2003，大塊文化出版）是關於一個新學門的精采概述。

Sync: The Emerging Science of Spontaneous Order, Steven Strogatz, Penguin, 2004. 對於要如何做研究、為何要做研究，有精采的描述。我們曾有幾次興起回去做數學研究的念頭，其中一次就是在讀這本書的時候！

Linked: How Everything is Connected to Everything Else and what it Means for Business, Science and Everyday Life, Albert-László Barabási, Plume Books, 2003. 把生活中許多領域連結在一起的迷人故事，寫得非常好的一本書。

第42章

想知道在模擬複雜系統時可能會發生的狀況嗎？我們向你推薦道格拉斯・亞當斯的經典小說《銀河便車指南》。

第43章

在研究這本書的過程中，我們讀到了心目中認為寫得最有趣的論文之一，作者是我們最喜歡的其中一位數學家，佛里曼・

戴森（Freeman Dyson）。這篇論文就是1944年刊在《Eureka》（劍橋大學數學會出版的年刊）的〈分割理論的幾個猜想〉（Some guesses in the theory of partitions）。單單最後一行就讓這篇論文值得一讀。網址是：www.math.ucla.edu/~pak/papers/Dyson-Eureka.pdf。

第60章

黛瓦・梭貝爾（Dava Sobel）的《尋找地球刻度的人》（*Longitude: The True Story of a Lone Genius Who Solved the Greatest Scientific Problem of His Time*，中文版已絕版）對於經度問題的紛爭與解答，有引人入勝的描繪。

第100%章

〈巴別塔圖書館〉（The library of Babel）這篇短篇小說的中文版，收錄在臺灣商務印書館出版的《波赫士的魔幻圖書館》（*Borges on Reading*）一書中。

想看機率影響現實生活的精采研究嗎？我們再度向你大力推薦道格拉斯・亞當斯的《銀河便車指南》。要記住，面對不可能的事情時，千萬不要驚慌。

葛立恆章

從伊姆雷・利德（Imre Leader）2000年為《Plus》所寫的文

章〈朋友及陌生人〉（Friends and strangers），你可以讀到更多關於拉姆齊數的內容，包括確立最少六個人就能保證有三人是朋友或三人互不相識，即 $R(3, 3)=6$ 的簡單證明。文章的網址是：
plus.maths.org/content/friends-and-strangers

Numericon
Copyright © 2014 by Marianne Freiberger & Rachel
Thomas
Published by arrangement with QUERCUS EDITIONS
LIMITED
Through The Grayhawk Agency
Traditional Chinese edition copyright © 2018 Rye Field
Publications,
A division of Cité Publishing Ltd.
All rights reserved.

國家圖書館出版品預行編目資料

數學好有事：為什麼磁磚不做正5邊形、A系
列影印紙長寬比要√2、向日葵和海螺有什麼
共同祕密……全面影響人類生活的數學符號
與定理，以及背後的故事／瑪莉安・弗萊伯
格（Marianne Freiberger），瑞秋・湯瑪斯
（Rachel Thomas）著；畢馨云譯. -- 初版. --
北市：麥田，城邦文化出版：家庭傳媒城邦分
公司發行，民107.3
　　面；　公分. --（不歸類；132）
　譯自：Numericon
　ISBN 978-986-344-535-7（平裝）

1. 數學

310　　　　　　　　　　　　　　　　10700042

不歸類 132

數學好有事

為什麼磁磚不做正5邊形、A系列影印紙長寬比要√2、向日葵和海螺有什
麼共同祕密……全面影響人類生活的數學符號與定理，以及背後的故事
Numericon

作　　　者／瑪莉安・弗萊伯格（Marianne Freiberger）、瑞秋・湯瑪斯（Rachel Thomas）
譯　　　者／畢馨云
特 約 編 輯／余純菁
責 任 編 輯／賴逸娟
主　　　編／林怡君

國 際 版 權／吳玲緯　蔡傳宜
行　　　銷／艾青荷　蘇莞婷　黃家瑜
業　　　務／李再星　陳美燕　杻幸君
編 輯 總 監／劉麗真
總 經 理／陳逸瑛
發 行 人／涂玉雲
出　　　版／麥田出版
　　　　　　10483 臺北市民生東路二段141號5樓
　　　　　　電話：(886)2-2500-7696　傳真：(886)2-2500-1967
發　　　行／英屬蓋曼群島商家庭傳媒股份有限公司城邦分公司
　　　　　　10483 臺北市民生東路二段141號11樓
　　　　　　客服服務專線：(886) 2-2500-7718、2500-7719
　　　　　　24小時傳真服務：(886) 2-2500-1990、2500-1991
　　　　　　服務時間：週一至週五 09:30-12:00・13:30-17:00
　　　　　　郵撥帳號：19863813　戶名：書虫股份有限公司
　　　　　　讀者服務信箱E-mail：service@readingclub.com.tw
麥 田 網 址／https://www.facebook.com/RyeField.Cite/
香港發行所／城邦（香港）出版集團有限公司
　　　　　　香港灣仔駱克道193號東超商業中心1樓
　　　　　　電話：(852)2508-6231　傳真：(852)2578-9337
　　　　　　E-mail：hkcite@biznetvigator.com
馬新發行所／城邦（馬新）出版集團【Cite(M) Sdn. Bhd. (458372U)】
　　　　　　41, Jalan Radin Anum, Bandar Baru Sri Petaling, 57000 Kuala Lumpur, Malaysia.
　　　　　　電話：(603)9057-8822　傳真：(603)9057-6622
　　　　　　電郵：cite@cite.com.my

封 面 設 計／江孟達
印　　　刷／中原造像股份有限公司

■ 2018年（民107）3月1日　初版一刷　　　　　　　　　　　　Printed in Taiwan.

定價：380元
著作權所有・翻印必究
ISBN　978-986-344-535-7

城邦讀書花園
www.cite.com.tw
書店網址：www.cite.com.tw